運河堀川

四百年の歴史を語る

桟　比呂子

海鳥社

本扉写真・石炭を乗せ堀川を下る艜（ひらたぶね）
（中間市教育委員会提供）

序―― 民話「土手切り」

むかしから遠賀川流域は、大雨のたんびに洪水でよう悩まされとった。むかしからちっとも変わっちょらん。毎年〱長雨が降ると、向かいの西村か、わしらの東村のどっちかの土手が切れち、そのたんびに何《なん》もかんも流されてしもうた。切れた土手ば直したちゃどげにもならんとたい。あくる年はまた反対側が切れる。何年も〱同じことの繰り返しやった。そのたんびに、土手の切れた方の村は、年貢米どころか、わがたちの食べるもんさえのうて、そりゃあひでえ暮らしばせんならん。

これはなあ、ある年のむごか哀しい話でのう。

こん年も大雨が三日三晩降りつづいて、とうとう川が溢れて、土手ば越えるまでになってしもうた。村ん衆は砂ば入れたムシロを置いたり、木や竹を打ち込んだり一所懸命やった。ばってん、前ん年は西の方が切れちょったんで、東村の衆はこんどはうちん村じゃないかち、そりゃあ必死になっちょった。

その日、夜になってん雨は止まず、水の勢いはいよいよ激しうなってきた。村ん衆はあせりと疲れで、絶望的になっとった。そのとき、ひとりの若い衆が「いっそんごと、こっちが切れる前に、西の土手ば切ったらどげんね」と叩きつけるごと叫んだ。東村の衆は一瞬ハッとしたごと、顔ば見合したが、ぐずぐずしとったらこっちの土手が切れる。ほかに村の助かる手だてはなかったんじゃ。

とうとう、西の土手ば切ることになった。泳ぐことが達者な若けえもんが何人か選ばれ、夜中に向う岸へ泳いで行って、土嚢《どのう》や杭ば抜いたとたい。川の水はドーッとものすごい勢いで、西村さい流れ込んでいったとじゃ。思い出しても、むごか話ばいね。

運河堀川◉目次

画・小田晏雄

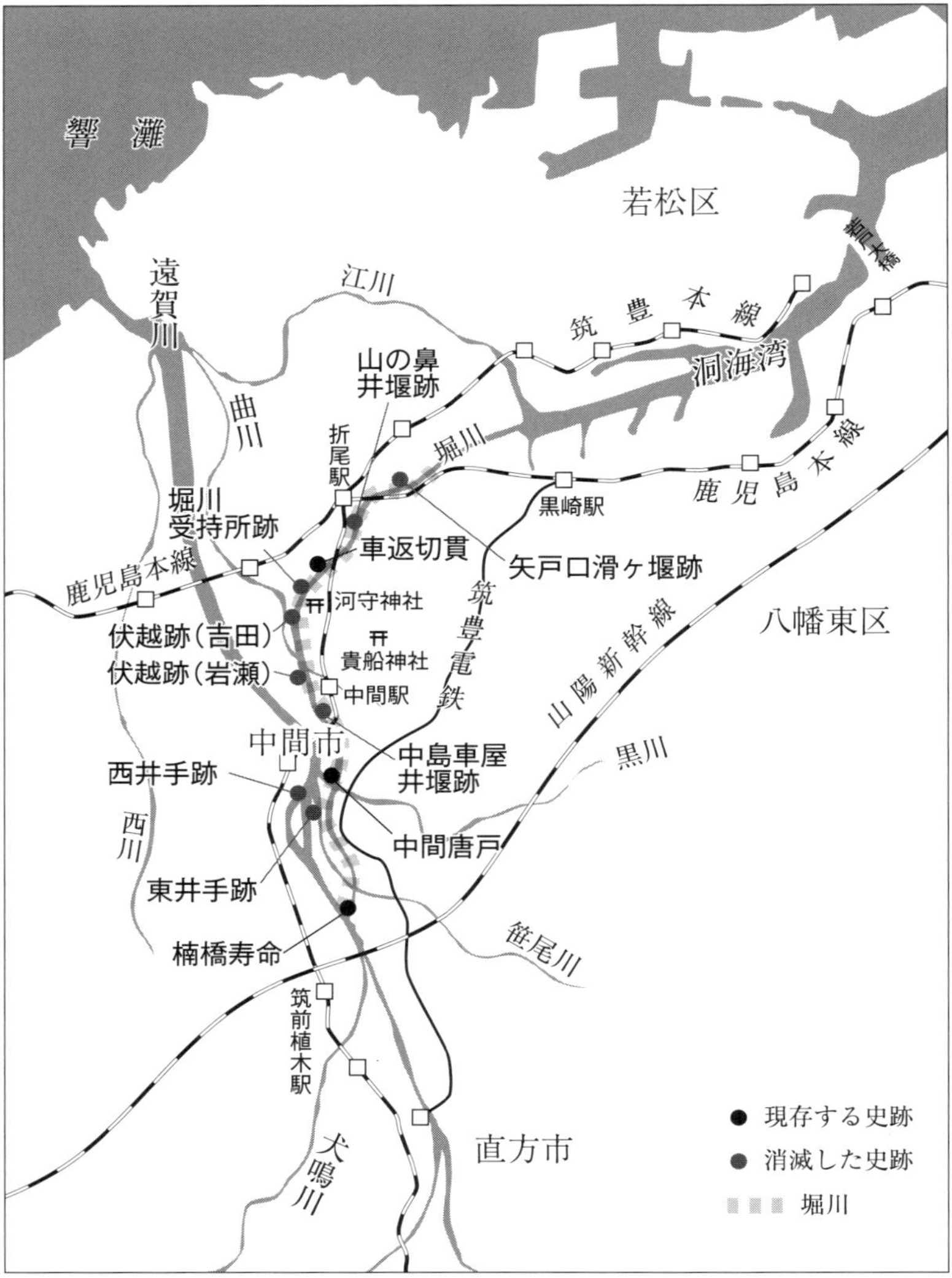

堀川周辺図
（遠賀川下流域河川環境研究会編、国土交通省遠賀川河川事務所刊
「遠賀堀川の歴史」をもとに加筆修正）

第一章　堀川開通前の洞海湾

堀川と洞ノ海

人工運河・堀川

　わたくしは車返《くるまがえし》の丘にいます、藤の木でございます。樹齢も数えるのを忘れるほどの年月を重ね、幹も変じて大地を這い、洞《ほら》となった身を奮い立たせては、この世の名残と命の花を咲かせております。わたくしも若木のころは、細いしなやかな枝に初々しい花房をゆらし、お詣りの村人や旅人にたいそう愛でていただいたものでございます。

　近くの道祖神様は、吉田村と折尾村の村境にあって他所から邪気や疫病が入るのを防ぐ神様です。関守、また道の神として村人の信仰を集めておりました。こんな山中ですから、旅が困難であった時代、道祖神様に出合うと旅人は安心したと申します。土地の人たちは「サヤノカミ（賽《さい》ノ神）」とか「セキノカミ（関ノ神）」とか呼んで、子どもの咳止めにご利益があると言っては、願掛けに来ておりました。それもこれもみんな昔の夢、いまは人の往来も絶えて久しくなってしまいました。

振り返ってみますとこの四百年、いろいろなことがありました。なかでも、この丘の裾野を流れております堀川が開削され、初めて水門が開いてほとばしり流れた水の輝きと人々のよろこび、舳《へさき》が触れ合わんばかりに行き交う多くの川艜《かわひらた》の活気、あの輝いていた日々を忘れることはありません。その長い年月のあれこれを思い出すままに、これからお話したいと思います。

堀川は、遠賀川（福岡県）を母とし、父なる洞海湾《どうかいわん》へと流れる人工運河でございます。

遠賀川は嘉穂郡嘉穂町の馬見山（九七七・八メートル）を源とし、河口の芦屋から響灘へ注ぐ、全長六一キロメートルの一級河川で、福岡県内二番目の河川であります。源流の小さな流れは途中、大小七十を超える支流を集めて一筋の川となり、遠賀川と呼ばれたのでございます。

太古から川の沿岸には、水を求めて人が住み、豊かな実りをもたらし、文化を育んできました。ところがいったん雨になると、その姿は一変して濁流となって逆巻き、上流から土砂や倒木を運んで流れを遮り、土手を破壊して溢れ、田畑はもちろん、民衆の日々の営みも幸せも一瞬で奪い去る荒れ狂う川となって、人々の暮らしを脅かしてきたのでございます。

堀川は、元和七（一六二一）年、初代福岡藩主黒田長政が、暴れ川と恐れられていた遠賀川の治水と用水、また舟運を目的に、川の流れを二分しようと開削された人工運河であることを知る人は多くありません。上流の中間村から洞海湾に至る九・三キロメートルが完成いたしましたのは、長政の発案からなんと一四一年後の宝暦十二（一七六二）年のことでした。さらに現在の楠橋寿命《くすばしじめ》が完成しましたのは文化元（一八〇四）年六月のことで、明治までわずか六十三年と迫った時期のことでした。振り返りますと堀川工事は徳川時代の幕開けに始まり、徳川二七九年の後半まで、一八三年も費やした稀に見る運河だったのでございます。

洞海湾

　ところで、わたくしの思い出話も堀川を語るにはしばらく待っていただきまして、まずその前に河口に位置する洞海湾の、いえいえ、当時はまだ「洞《くき》ノ海《うみ》」と呼ばれていた入り江の話から始めたいと思います。

　堀川開削前の洞ノ海は東西二〇キロメートル、南北（奥行き）は広いところで二キロメートル、湾口は響灘に向いてわずか一〇〇メートル足らずのおちょぼ口のように狭く、まるで洞穴のような形から洞ノ海と呼ばれていたようです。浅いところは六〇センチ、深いところでも三メートルほどで、干潮時には湾内のほとんどが地肌を見せて、あちこちに岩盤が顔を出しているという、水溜りのような穏やかな入江でした。狭い湾の中に七つの島が点在し、葛島《かつらじま》・都島・俵《たわら》・子島《こじま》・鼠島《ねずみじま》・松ヶ島・二子島《ふたごじま》、そして一番大きな中島《なかのしま》（河斗島《かばとじま》）が湾口の真ん中にあって、まるで入江に蓋をするように浮かんでおりました。

　遥か昔は、北九州市八幡東区の皿倉山（六二二メートル）と、若松区の石峯山（三〇二メートル）は同じ連なった山で、それが新生代（六五〇〇万年〜現在）の断層運動によってその間が陥没し、海水が流れ込んで湾ができたと聞いております。いまのような湾の形になりましたのは、縄文時代とのことでした。近年の発掘調査（財団法人北九州市芸術文化振興財団埋蔵文化財調査室）では、奈良時代の製塩土器があちこちから発見され、そのとき貝塚も発掘され、それを結んでいくと昔の汀線《ていせん》がはっきり分かったのです。洞ノ海の汀に点在する製塩場からのどかに立ち上る煙、丸木舟で島々を巡りながら魚を追う人々、この浅瀬の海を囲む古人《いにしえびと》のゆるりとした営みが、懐かしく浮かんでまいります。

黒田長政が筑前入国をするその以前から、洞ノ海を往来した人々も足跡を残しておりました。古くは『日本書紀』に、仲哀天皇二年に神功皇后と仲哀天皇が熊襲征伐のため九州へ下り、洞ノ海から戸畑、八幡をまわり江川を通って筑紫へ向かう、その道中の伝説がいまも語り継がれております。たとえば、神功皇后が九州へ下り洞ノ海を通ることを耳にした崗県主《おかのあがたぬし》の祖熊鰐《くまわに》は、熊本山（現八幡東区高炉台公園）より一、二、三と枝の揃った真賢木《さかき》（榊）を切り採り、上枝に白銅鏡《ますみのかがみ》、中枝に十握剣《とつかのつるぎ》、下枝に八尺瓊勾玉《やさかにのまがたま》を船の舳に掛けて周芳（周防下関）まで出迎えにいったことから枝三となり、それが枝光と呼ばれるようになったとのことでございます。その枝三が一五〇〇年後に、日本の近代産業発展の旗印を掲げて脚光を浴びることになるのですが、その話はまた後でくわしくいたしましょう。

さて神功皇后が江川へ周る途次、八幡に立ち寄り船を下りて上陸した地を「皇后崎《こうがさき》」、船の帆柱にするため杉の木を切り出した山が「帆柱山」、山を下りるときすでに日暮れとなっていたので「更暮山（皿倉山）」と名づけられたなど、このあたりは神功皇后の伝説に彩られているのでございます。

また『古今集』「第六帖」に紀貫之が、

つくしなる大わたり川（洞ノ海）おおかたは　われひとりのみわたる浮世か

と詠み、下って室町時代のころには宗祇法師の「筑紫道記」の中に、赤間関（下関）から筑前の国若松の浦に着き、「内外の海を見るに塩屋のけふり暮れわたり、入日影に、うつらふほど、又いはん方なし」（『洞海港小史』洞海港務局編・刊）と、暮れなずむ内海の洞ノ海と外海の響灘を眺め渡しながら、のどかな湾の様子を描いております。文禄元（一五九二）年の豊臣秀吉の朝鮮出兵の際には、洞ノ海から江川を通るなど、和歌や紀行文などから往時の洞ノ海の様子がうかがえるのです。

しかし、まだ港があったわけではなく、当時は関門海峡から九州へ西下する際、北岸の響灘は風浪が激しくて難破する船も多く、危険水域として畏れられていたのでしょう。そこで旅人は安全をとって穏やかな洞ノ海を経由して、江川を通り芦屋の岡の湊から陸路へ進むことが多かったようです。ただ水深は浅く、大きな船はもちろん小さな舟も干潮時は前へ進めないのが難点だったようでした。

黒田長政の堀川策定

長政の筑前入国

洞ノ海の地形に目をつけましたのは、慶長五（一六〇〇）年十二月十一日、天下分け目の決戦となった美濃国（岐阜県）関ヶ原で目ざましい活躍をして、筑前国五十二万三千石を拝領された黒田長政でした。藩主が自藩を守るには二つあり、一つは国防、残る一つは財政でございます。まず財政の確立を図るには、実質四十九万五千石しかない作高の増加が急務であり、そのためには田畑を拡大し、米の生産力を強化しなければなりません。福岡藩にかぎらず全国いずれの諸藩も新田開発に力を入れ、灌漑用水確保に努めておりました。

長政は、入国するとさっそく家臣に命じ、米の産地である遠賀平野や筑後平野はもちろん、領地全域を五年かけてくまなく検地させます。なかでも遠賀平野の土地は肥沃であるのに、遠賀川（当時は大川または御牧川）の洪水に毎年のように悩まされ、凶作に苦しんでいると村人は訴えました。

遠賀川は大和・奈良時代には「国津川」「芦屋川」と呼ばれ、鎌倉以後に遠賀郡が御牧郡と改称されますと、「御牧川」と呼ばれるようになりました。「御牧川」が再び「遠賀川」と呼ばれるようになりましたのは、定かではありませんが、御牧郡が再び遠賀郡に戻った寛文四（一六六四）年以降ではなかったでしょうか。それでも地元の人たちは、「大川」とか「本川」、河口の芦屋では「芦屋川」と呼び親しんでいたように思います。

嘉穂・鞍手・遠賀の三郡を貫流し、流長およそ六一キロメートルの遠賀川は、大小七十を超える支流を集め、木屋瀬《こやのせ》（八幡西区）でやっとひとつの流れになって鞍手・中間・遠賀・芦屋へと下り響灘へ注ぐ藩二番目の河川であります。ところが多くの支流は山から土砂を運び込み、本流の河床はすぐに平野より高くなる、つまり天井川だったのです。それは支流が運ぶ土砂だけが原因ではありません。満潮時になると河口の芦屋から木屋瀬どころか直方近くまで潮が上がって、それが大雨と重なると流れはぶつかって渦をまき、土手を壊して溢れた水は濁流となって田畑も家屋ものみ込んで、一面泥海と化してしまう暴れ川でございました。

「遠賀郡は土地ひきく大河有て、霖雨《りんう》の時は河水夥《おびただ》しくみちあふれ、恰《あたかも》海の如し。水災しけくして五穀損し、土民なやめるよし」と『筑前国続風土記』（貝原益軒）に記される水害の多い土地でした。

村人の切実な訴えを聞いた長政は、慶長十七（一六一二）年十一月に「遠賀川治水大計」を定め、翌年一月十五日から築堤工事に着手いたします。余談でございますが、その年の四月十三日は下関の巌流島で、宮本武蔵と佐々木小次郎が試合をしておりました。

さて、長政は入国以来、山野の開墾と植樹、沼地の埋め立てや浜洲・川洲などの干拓と、精力的に新田開発を進めておりました。とくに洞ノ海や江川は浅瀬で干潟も多く、波も穏やかでしたから、沿岸は埋め立てられて、次つぎと新田造りが勧められておりました。あとは用水の確保でございます。

一方、財政と両輪である国防についていえば、徳川の世になったとはいえ日も浅く、まだ藩主たちは戦国の緊張を引きずっておりました。万が一の有事に備えて国境に城を築き、黒田二十四騎にも名を残す信頼できる家臣を配置いたします。鞍手郡鷹取城（直方）に母里友信《もりとものぶ》（太兵衛）、のちに手塚水雪。益富城（嘉麻大隈城）には後藤又兵衛、のちに母里友信。上座郡（現朝倉市の一部と朝倉郡東峰村）小石原城（松尾城）に黒田六郎右衛門を配し、隣の豊前国細川藩を警戒して護りを固めておりました。と言いますのも、実は当時国替の際には、つぎに入国する大名のため、その年の年貢は城に残していくのが作法だったにも関わらず、長政は豊前国中津城から筑前に移るとき、その貢米を持ち去っていたのです。細川忠興は返還を求めましたが、長政は拒否して、関係は悪化しておりました。年貢持ち逃げ事件も不安材料の一つだったのです。他に筑後国境を護るため、朝倉の左右良《まてら》城に栗山利安を配しておりました。

残る二城は、筑前領の北の護りとして、日本海側からの外国はもちろん豊前・長州他の侵入にも備えなければなりません。長政が目をつけましたのが、洞ノ海の徳利の口を塞ぐように浮かぶ一周五四〇メートル、総面積五八五四坪の河斗島《かばとじま》（中島《なかのしま》）で、これを自然の要塞と見立て、若松城（中島城）を造営し、三宅若狭を配したのでございます。さらに井上之房《ゆきふさ》（周防守）の黒崎城は徳利の奥底部に位置し、入江に突き出た高台（道伯山《どうはくざん》六三メートル）山頂に築かれておりました。これらの城は筑前六端城と呼ばれ、そのうち二城が洞ノ海にありますことは、国防上いかにこの地が重要であったか、おわかりいただけるかと思います。

当時の若松浦は、それまで人家はほとんどなく、葦が群生して塩田が点在するだけの入江でしたが、築城によってにわかに武装され、武士も商人も職人も、さらには物資の出入りも慌しくなり、緊張感みなぎる砦へと一変しておりました。島に城が築かれるとなれば、建造に必要な資材や人や食料を運ぶ船が必要となり、船着場も造らなければなりません。城主の三宅若狭は船手の総元締でもあって、海運の差配《さはい》もいたします。当初船は博多港から通っていましたが、そのうち船手や職人が地元で寝起きするようになりますと、彼らを客とする店などもできて、人の往来も多くなりました。さらに「黒田長政、入国の後、此所に船司（船役所）舟子等を、多く置て急用の時此所よ

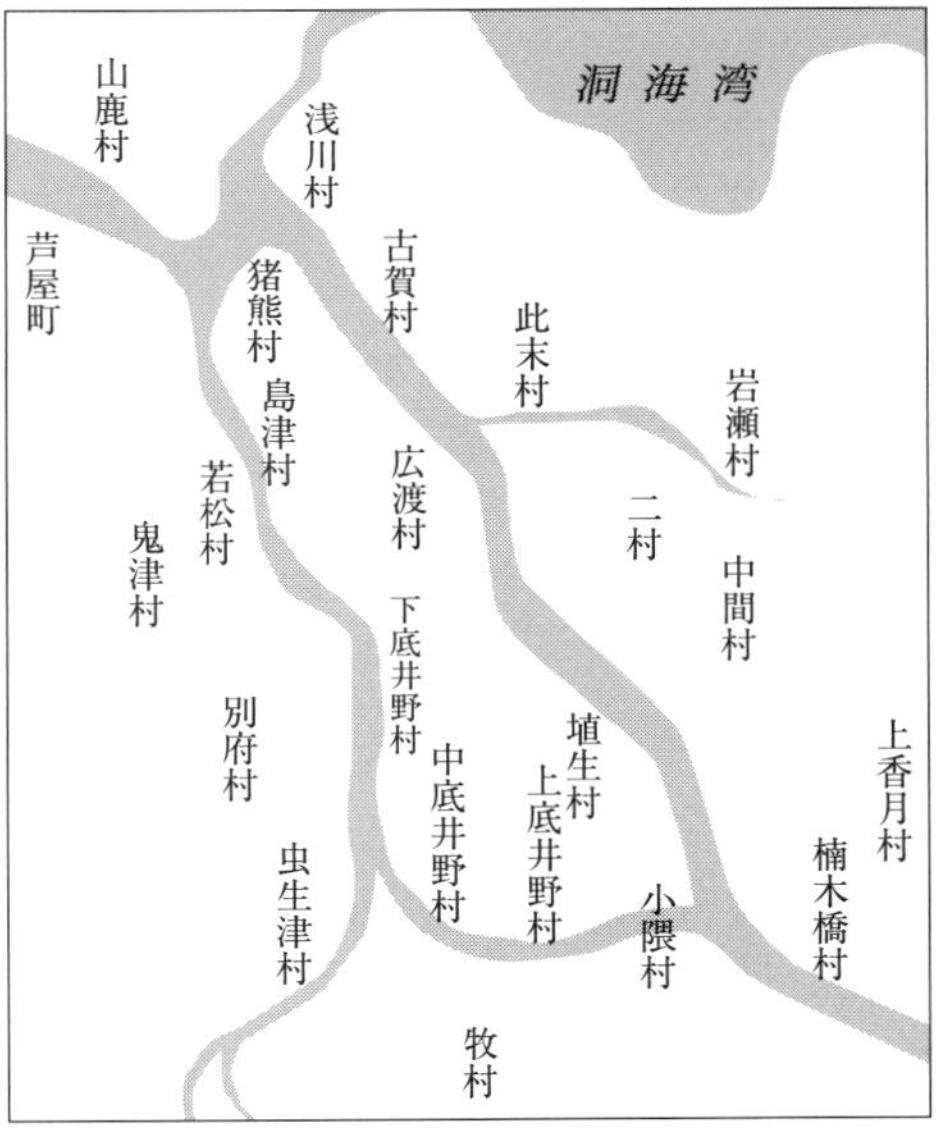

およそ400年前の中間市の様子
（『中間市史』をもとに作成）

り使の人を船に乗せて、大阪に遣すへき為に、備へられたるなり」（小塚天民編『若松繁昌誌』若松活版所）とありますように、長政は若松浦を港としても有効に使っていたようでございます。

一国一城令

慶長十（一六〇五）年四月になると、徳川家康は秀忠に将軍職を譲って隠居し大御所になりましたが、まだ実権を握っておりました。それから十年後の元和元（一六一五）年、大坂夏の陣で豊臣方が滅び、徳川の天下となりましたことはご存知のとおりでございます。

翌年四月、大御所は七十五歳で亡くなりますと、二代将軍秀忠はすぐに大名統制策の一つとして、国に城は一つだけにせよと「一国一城令」を発します。そのため筑前の若松城も黒崎城も、六端城すべてがわずか六年で廃城となってしまいました。若松城主だった三宅若狭は、その後も船手の組頭として、若松に残ることになります。それは、「若松には船役所に船を扱う船頭を置いて、幕府などからの急用の時には直ぐに船を大阪に走らせるなどの、万一のときに備える要地として」（『若松市史』大正六年版）使用され、廃城後も重要港として扱われていたのでした。若松に留まった三宅若狭は船手の取り締りや船舶の出入り、さらに米の藩外転出を取り締るなどの役目をいただき、小大名のような勢力を持つまでになったと伝えられております。

そのころ、「遠賀川治水大計」を策定した長政は、慶長十八（一六一三）年一月十五日に築堤工事を開始し、福岡藩内十五郡に十三万人弱の夫役を割り当てるなど一大事業に取り組んでおりました。領民たちも期待を込めて夫役を務めていたのですが、築堤しても翌年の大雨で流され、補修してもまた決壊し、堤防はまったく効を奏しません。増産どころか収獲さえおぼつかない年が続き、長政は頭を痛めておりました。

そのうえ困ったことは、各大名は幕府から江戸公儀手伝普請を命じられ、材料・工事費だけでなく労働力も強いられ、これが財政を圧迫して藩の台所はまさに火の車といった状態でした。

わたくしの知るかぎりでも、慶長八（一六〇三）年、江戸市街建設。続いて九～十一年は江戸城改築における天守台石垣を割り当てられ、石材を運ぶ船の建造もすべて外様大名二十八家の負担となります。全部で三千隻。その内福岡藩は一〇四隻で、その船に巨石を積んで月に二回、江戸を往復をしなければなりません。

続いて同十二～十三年は駿府城焼失で築造普請。同十四年には将軍に大船を建造して献上いたします。同十五年、名古屋城普請手伝い。翌十六年、二条城修築普請。元和元（一六一五）年は大坂夏の陣に出陣し、越後高田の築城普請。同三年は日光山東照宮建立で鳥居を奉納。同六年、大坂城石壁修築普請……などなど、毎年のように夫役による出費は続いておりました。将軍が大名に賦課するさまざまな軍役の基準は、石高に応じて決定されます。たとえば元和六年の大坂城普請では銀一〇八〇貫の負担にのぼり、福岡藩所領の年貢米の四分の一余を占めていたといいます。

徳川幕府は親藩や譜代藩の力を基礎に、「外様大名を個別的に牙を抜き爪をはいでゆくことは、外様大名を幕府に結びつけ、参勤交代制、江戸住み制などを基本にして」（佐々木潤之介『日本の歴史15』中央公論社）外様大名の自立性を弱めていくのが狙いでもあったといいます。

幕府も天下統一に向けて、外様大名の経済力を弱めると同時に、忠誠心を計っていたのでしょうか。このことはのちに起こります「黒田騒動」にも関係がありますので、それはまた後でお話しいたしましょう。

堀川開削

長政は遠賀川の築堤工事を進めておりましたが、その被害責任の一端は、福岡城をはじめ六端城の築城や造船などで、遠賀川源流の山林を大量に伐採して搬出していたため、保水力が弱まり少しの雨でも大洪水となる悪循環となっていたのでございます。

遠賀川の築堤工事が終わっても翌年の雨でまた破壊され、何度繰り返し補強しても役に立たず苦慮しておりました。追い討ちをかけるように、慶長十五（一六一〇）年五月から降り始めた雨で遠賀川の堤防が切れて土砂を押し流し、溢れた泥水で田畑は壊滅。さらに元和五（一六一九）年の五月から七月まで旱魃が続き稲が枯れ、翌年は洪水で五穀はみんな流されてしまったのです。

たまりかねた長政は自ら二回の巡視をして、話し合いを重ねました。その結果、「水流を二分して流れを緩和するほかにない」との結論に至ります。底井野村から遠賀川の流れを分流して水巻村、折尾村を通り、洞ノ海へ流すという計画でございます。

さっそく、堀川疎水工事の許可願いを幕府に提出いたします。当時は橋を架けることも道を造ることもすべて、幕府のお許しが必要でした。その年の十月に許可が下り、父備後に代わり主席家老となっていた二十二歳の家老栗山利章《としあきら》（通称大膳《だいぜん》）に工事の総司を命じました。大役を仰せつかった大膳は中間村の惣社神社と黒崎村の岡田宮に、工事の成就を祈願いたします。「惣社神社縁起」には「元和年中、黒田家家臣、栗山大膳利章、当郡吉田村堀川鑿通の志願ありしとき、当社にて土地安全の祈禱を行う」との記録が残されています（『遠賀郡誌』臨川書店）。

余談ですが、大膳はことのほかお酒が好きだったようで、一日四升はペロリと申しますから、並みの酒好きではございません。そこで長政はこの工事に際し、大膳に上野焼《あがのやき》の徳利を渡して、「一日これ以上は飲んではならぬ」と戒めたとか。

元和七（一六二一）年正月十四日、総司栗山大膳、副総司林玄蕃、助司に野口左兵衛、原弥左衛門を命じ、工事に着手いたします。遠賀川沿いの各村に人夫割りを命じ、村人は各々が手持ちのクワやもっこなどを持ち寄って工事が始まりました。と言いましても工事期間は一月から四月までと、六月から八月の七カ月でございます。人夫はお百姓がほとんどでしたから、五月九月十月の農繁期と十一月十二月の寒い時期はお休みとしたわけです。

工事は中間村から岩瀬村までの半里（二キロメートル）と、吉田村から折尾までのおよそ五町（一五〇〇メートル）の二方から掘り進めました。長政の計画では、折尾からさらに長崎村

（現八幡西区）まで掘り進めば、陣原で則松川（金山川）と合流させ洞ノ海へ流れ込む予定を立てておりました。

そのころは機械も道具もなく、クワやツルハシで掘り、天秤棒で掘った土を運び出すといった手作業でしたが、それでも中間村から岩瀬村の間は、二年後の元和九年にほぼ完成いたしました。「中間村仰木家文書」（『岡垣町誌』）によりますと、百姓は一日平均百人、郷夫（石工など）は三十人ほどとあり、郷夫というのは、福岡城築城のとき徴用し、その後卒分として禄を与えた職人たちで、百姓は中間村割当の人数と思われます。

ところが、工事が貴船神社の下まで達したとき、思いもよらない変事が起こったのです。一日かけて掘り上げたところが翌日は埋め戻されていたり、雨が降ると堤のように水が溜まり、しかも真っ赤な血の色をしているなど、つぎつぎと不気味なことが起こります。さらには石工が岩から落ちて負傷したり、前日に掘り上げた岩が村人の頭の上に落ちてきたり、死人やケガ人が毎日のように出だしたのです。次第に村人たちも怖くなり、血の色の水を見て畏れおののき発狂する者も出たりと、現場は浮き足立ってまいりました。そのうちこれは貴船様の祟りだとか天罰だとか噂が広がって、工事に関わるのを畏れ仕事も捗らなくなってしまったのです。

難工事と長政の死

吉田村の守護神でありますす貴船宮のご祭神は、高龗神《たかおかみのかみ》と暗龗神《くらおかみのかみ》の龍神様でございます。

建久五（一一九四）年に農耕水利の守護神として山城国鞍馬山より勧請され、古くから雨乞いの神様として村人の信仰を集めておりました。貴船宮の下から宮尾にかけては、地元の人から「谷尾の谷間」と呼ばれており、硬い岩盤の上を粘土層が覆っている土地でしたから、掘っても掘っても上から土が落ちてくるのです。

それでも栗山大膳は豪放磊落な人柄で、迷信など信じない方でしたから、村人の不安など無視して工事を進めておりました。のちの噂ですが、この工事に強制的に一年の半分以上も夫役に駆り出されても、手当てなどの支払いはなく、そのうえ堀川開削で三町歩余りの田畑を失った村人たちが、神仏にかこつけて無言の抵抗をしたのではないか、と言われる方もおりました（柴田貞志『水巻昔ばなし』水巻町）。

そんな矢先のことでした。旅の途次、長政は京都報恩寺で逝去いたします。元和九（一六二三）年八月四日、五十六歳でした。村人たちの畏れは頂点に達し、工事にいよいよ尻込みをするようになりました。

長政が亡くなった翌九月、長政の遺言に従って長子黒田忠之が二代藩主となり、二子長興は秋月二万石、三子隆政は東蓮寺四万石と、知行配分が行われました。翌年の寛永元（一六二四）年一月、忠之は堀川工事の中止を命じます。工事開始からわずか三年のことでした。再び堀川が注目されるのは、六代藩主黒田継高の代で、宝暦元（一七五一）年正月のこと。なんと一二七年のちの話であります。

黒田騒動

堀川開削の総司を務めた栗山大膳が、主君忠之に謀叛のたくらみありと幕府に訴え出たのは、寛永九（一六三二）年六月十五日のことで、いわゆる「黒田騒動」と言われたお家騒動でございます。真偽のほどは定かではありませんが、噂されていたことなどから推察しますと、つぎのようなことでしょうか。

先君長政は亡くなる前から、嫡男忠之のことを案じ、信頼の厚かった大膳に後見を託されておりました。忠之は我儘いっぱいに育った苦労知らずの若様で、酒、おんな、三味太鼓など酒色に惑溺《わくでき》し、鷹狩りに興じるばかりで政《まつりごと》には無関心でした。このままではご政道はゆるみ国を危うくすると、大膳は再三再四忠告いたしますが改める風もありません。元和八（一六二二）年三月に意見書を渡して反省を求めたこともありました。

しかし、その翌年長政が亡くなりますと、一段とその振る舞いは目に余るようになり、そのうえ苦言を呈する老臣は遠ざけて、言いなりの側近をそばに置くようになったのです。なかでも九歳で長政に召し出され、十三歳のとき忠之の側近となった倉八十太夫を家老に取り立てるという勝手な振る舞いに、周りはただハラハラしておりました。その矢先、事件が起こります。寛永元（一六二四）年に幕府は、西国大名に対し五百石以上の大船建設を固く禁じておりましたが、それを知りながら、忠之は老臣たちが止めるのもきかず、櫓数六十挺、船首に鳳凰を彫った千石船を新造したのです。「御座船鳳凰丸事件」であります。幕府はそれを軍備拡大とみなし、福岡藩が咎めをうけましたとき、大膳たち老臣の陳謝によって事なきを得、胸をなで下ろした一件がありました。

そのころ大名の間では、「忠之は短気者で藩主としての能力にかける」とか、「少々うつけたる人にて、土地人民を預かるべき人にあらず」などと噂していたと申します。しかも、幕府に睨まれる軽率な行動が多く、このまま放っておいては藩取り潰しの口実を与えてしまうと危機感をつのらせた大膳は、重臣黒田美作と連名で、二十条からなる「忠諫状」を渡しましたが、それも無視されてしまいました。

藩取り潰しの口実になるというのは、幕府は天下統一のために、「武家諸法度」(元和二年)をはじめ諸大名に対する政策を厳しく定め、とくに外様大名にはひたすら服従することを強制し、落度あらばと虎視眈々と狙っていたのです。江戸初期のお家騒動はそのほとんどが外様大名で起こり、改易、つまりお家取りつぶしが行われ、土地家屋敷を取り上げられ平民に落とされていたのでございます。

しかし、その後も忠之のしたい放題は治まりません。もはやこれまで、このままではお家の一大事と考えた大膳は、寛永九(一六三二)年六月、「主君に疑いがある」と、五十二条にわたる訴状を持って幕府に訴え出ます。これは、裁決で忠之に謀叛の疑いなしとなれば、少なくともお家取り潰しは免れるだろうという、捨て身の手段だったのです。翌十年三月、江戸表の土井利勝の屋敷で黒田家の各重臣列席の上、公儀直々のお調べとなりました。結果、忠之の疑いは晴れ、大膳は主君に対する反逆の罪で遠い南部藩へ流刑と決まりました。いまで言えば無期懲役でございましょうか。忠之にはお咎めなくお家も安泰と知った大膳は、どこか晴々としたお顔だったとお聞きしております。倉八十太夫は福岡藩追放となり、高野山で蟄居されたとのことでした。

港の発展

街道の整備と参勤交代

天下統一を成し遂げた徳川家康は、江戸幕府と地方藩への支配を強固にするため、交通の整備に着手します。慶長六（一六〇一）年以降、江戸を起点にして五街道、つまり東海道、中山道、甲州街道、日光街道、奥州街道の幹線道路が、幕府の手によって開通整備されました。次いで伊勢道や山陽道、長崎街道などの脇街道は、地元藩の負担によって整備されていきます。本街道は大目付と勘定奉行を兼任する道中奉行の直轄ですが、脇街道は道中奉行の指揮下で各藩が管理しなければなりません。しかし街道が整備されたことで、江戸幕府の地方藩との結びつきはより強固なものとなり、また街道は、幕府の全国支配の要でもありました。

底井野往還が開通したのは慶安年中（一六四八〜五二）のことで、唐津街道赤間宿より鞍手郡永谷から六反田、上木月《かみきづき》を経て上底井野に通じ、垣生《はぶ》から遠賀川を渡って岩瀬、吉田、陣原を経て黒崎へ出る近道でした。土地の者は底井野往還を「殿様通り」「御成り道」などと呼んでおりました。

大名の参勤交代制が確立されたのは、寛永十二（一六三五）年の武家諸法度の制令からでした。二年毎の江戸参勤に加え手伝普請、さらには妻や子を江戸に住まわせる在府制と、藩の財政負担は弛む暇もありません。負担は大名ばかりではなく、参勤交代の通るときは宿場筋にあたる郷村に「掃除丁場」という賦役が科せられ、道筋の清掃だけでなく、通過の際に人馬や諸物品の調達をするなど、広範囲にわたるものでした。木屋瀬宿から小倉境まで行くには三日がかりで、泊りがけのことも多々ありますし、揚句には粗相して殴られ、運が悪いと無礼討ちで斬り捨てられることもある、理不尽な役回りでした。丁場役以外の村人たちは、行列が近づきますと、野良仕事の者も家に居る者もすべて、道に並んで土下座をしたまま、最後の一人が通過するまで頭を上げることも許されなかったのでございます。

さて脇街道であります長崎街道も整備され、黒崎に本陣、脇本陣、代官所、関番所、人馬継所などが整うと、寛永十五（一六三八）年に黒崎に初代代官が着任され、それを以て黒崎宿が成立いたしました。翌十六年にはポルトガル人を長崎の出島に強制移住させて来航を禁じ、二年後にオランダ商館を平戸から出島に移して幕府の統制下に置き、これによって鎖国体制が完成いたします。それに伴い福岡藩は長崎勤番を命じられ、翌年から佐賀藩と一年交代にはなりますが、長崎港の警備にあたることになると、またまた人材の派遣など負担や経費は増すばかりでした。

しかし、良いこともあったと聞いております。と、申しますのは、長崎は国内で唯一の外国との窓口ですから、いち早く海外の情報を知り、西洋の文化や学問にふれる機会も多くありました。次第に福岡藩は国際的なセンスが養われ、開明的な人々を生み出すことに繋がって行ったように思います。

主要港・黒崎港

さて洞ノ海に話を戻しましょう。寛永から寛文にかけて（一六二四～七二）街道や宿場が整備されて、参勤交代も確立されますと、黒崎港も若松港も急速に発展いたします。港の利用者が増してくるにつれ、同じ湾内にある黒崎と若松の二つの港の間で、小競り合いも起こってまいりました。寛永六（一六二九）年三月には、「荷物と旅人は黒崎港」、「穀物は若松港」と決めて、証文まで交わしたと記録に残されております。しかし、そのあとも何度となく話し合いがもたれて約束を結ぶのですが、争いは絶えなかったようでした。

黒崎港は正保のころ（一六四四～四七）まで丸木船で小倉・下関へ、また江川を経て芦屋まで行っていたようで、慶安四（一六五一）年三月に船庄屋も定められました。十年後の寛文二（一六六二）年八月になると黒崎港に船年寄二名が任命され、船手形の取り扱いが委ねられます。

寛文五年になると、小倉より五十石の渡海船二艘を買い受けましたので、上方まで渡海できるようになっております。さらに二年後には渡海船も十一艘になり、寛文九年になると、幕府に船入（船を接岸させるための入江）を掘る申請をして、二年後に許可が降りて工事を進めるなど、急速に発展する様子が伝わってまいります。この頃の船荷は貢米が主で、ほかは穀物や木炭など、いったん芦屋に集められて大坂へ回送されておりました。石炭はまだ姿を見せておりません。

芦屋港

遠賀川河口に位置する芦屋津は、昔から交通の要衝として郡内で一番栄えたところで、大和時代には県主《あがたぬし》が置かれ、遠賀郡の政治の中心地でした。県主の祖でありますす熊鰐《くまわに》が神功皇后をお迎えして、洞ノ海から江川を通り岡の湊（芦屋）から筑紫へ向かわれたことが、『日本書紀』に記されております。昔から遠賀川流域は物資資源も豊富で、上流は多数の豪族が群雄割拠して発展した地域で、その豊かな物資の集散地が芦屋津であり、最もひらけたところだったのでございます。鎌倉時代から山鹿城主の宇都宮麻生氏がおよそ四〇〇年の間、芦屋はもちろん遠賀郡一帯を治めておりました。

芦屋といえば何と申しましても元禄のころ、佐賀の伊万里焼を販売する「芦屋商人（旅行商《たびゆき》人）」が全国不踏の地なしといわれるほど活躍し、「芦屋千軒」と謳われるほど、商港として栄えておりました。『筑前国続風土記』にも元禄のころの芦屋を紹介してございます。「民家多し。町頗広し。富家も亦多し。（中略）旅船多く出入して、交易の利多し、民家にぎはへり。むかし此地に釜をゐる良工數家あり。下野国天明釜より猶精巧、其鋳物師は大田氏、朝廷より受領の官を給はり、芦屋釜とて天下に其名いちしるし」とあり、芦屋釜は日本茶の湯釜として天下に名声を博し、鎌倉幕府の役人への贈物としても重宝されておりました。ところが鎌倉時代から江戸の中頃まで四〇〇年余続きました名工も、残念ながら寛永年間（一六二四〜四二）に断絶してしまいます。

といっても郡内一の交通の要衝であることには変わりなく、元和九（一六二三）年に秋月・東蓮寺両藩の貢米蔵が山鹿（芦屋）に設けられ、遠賀、鞍手、嘉麻、穂波四郡の貢米を芦屋に集積して、大船に積み替えて大坂蔵屋敷（中島筑前橋）へ搬送しておりました。芦屋津には多くの藩船が繋がれて、御船手をそれぞれに常駐させて町が生まれ、それはそれは壮観でした。それがいまの船頭町あたりでしょうか。

ところが街道の整備が進んで黒崎港の需要も増えて活発になっていくと、元禄二（一六八九）年に芦屋にあった秋月藩の貢米蔵が黒崎へ移されました。同八年には黒崎港はさらに船の出入りを容易にするため、港湾修築工事をしております。遠賀川上流一帯の荷物は長崎街道を通って黒崎港に集り、芦屋に代って黒崎が陸海路の要所として発展して行っておりました。

若松港

一方の若松ですが、黒崎より少し遅れて享保二（一七一七）年、芦屋にあった遠賀、鞍手、嘉麻、穂波四郡と、宗像郡九カ村の貢米が納入された藩の貢米集積所が修多羅《すたら》（若松）に移され、若松港から大坂へ積み出すことになりました。と言いますのは、波の荒い響灘に面した芦《あし》屋洲口《やすぐち》は、土砂が運びこまれて年々浅くなり、船の往来が困難になっていたのでした。陸海路の要衝として輝いていた芦屋の活気が、少しずつ翳りを見せはじめます。それに比して若松港は、藩で貢米を積み出す港は若松と横浜（糸島郡今宿村）の二カ所だけでしたから、帆前船が入るようになりますと、藩の藤巴の家紋を翻した米積艜《こめづみひらた》の往来で、それは賑わっておりました。

さて、洞ノ海という小さな入江の中で黒崎と若松の港は互いに競争心を煽り、ときに発展のバネになり、ときに積荷争いの火種となっていたことは前にもお話しましたが、その都度、若松は荷物、黒崎は旅人。あるいは穀物は若松、穀物外の商売荷は黒崎若松両方など取り決めは行われたのですが、争いは絶えなかったようです。

若松には流域四郡に限って遠賀川河口の浚渫費《しゅんせつひ》に充てる名目で雑税が課せられておりました。洲口番所が置かれたのは正徳元（一七一一）年で、番所役人を配置して米穀雑貨輸出入の監督管理を行い、「若松の者は、木屋瀬、直方、飯塚の辺りまで出て旅人を若松へ連れて来てはならぬ。しかし黒崎に出て話し合って船客を取ることは差支えない」という文言までありました。宝暦元（一七五一）年には黒崎若松にも浦奉行が置かれ、両港の仲裁は浦奉行があたっておりました。
人と積荷についての争いはこの後何度も繰り返され、約束事を決めても絶えることがなく、堀川が開通するとそれは一段と激しくなるのですが、それはまた、あとの話にいたしましょう。

水害と飢饉

堀川掘削案、再浮上するも……

陸路や洞ノ海の発展にくらべ、農民の多くは相変わらず旱魃や水害との闘いをくり返し、飢饉に苦しめられておりました。

常福寺（北九州市若松区小竹）に庄屋助四郎、又四郎の墓がありますが、ご存知でしょうか。ふたりは寛文三（一六六三）年の飢饉年に年貢免訴の願いを出したために咎められ、底井野の代官所に呼び出されて打首を申し渡されます。刑場は鞍手郡の積善寺でした。十一月十五日の処刑の日、遠賀郡民の間で「助四郎、又四郎、打首のときは、遠賀村中袖しぼる」という唄が歌わておりました（『芦屋町誌』）。

寛文十三（一六七三）年、天和三（一六八三）年、元禄十五（一七〇二）年、宝永三（一七〇六）年、正徳五（一七一五）年と大きな水害だけでも十年毎に起こり、農民は絶望の淵に立っておりました。水害のたびにかつての堀川が完成していればと、誰彼の胸をよぎるのでした。翌年の宝永四年も大雨となり曲川の排水も追いつかず水が溢れ、水巻や岩瀬一帯は泥海となって田畑も家も流されてしまいました。

度重なる水害に困り果てた村人は、役人に何度も訴えて、ようやく遠賀川の水を洞ノ海へ導く計画が検討されることになりました。案としては一つに吉田村大膳堀筋、二つに吉田村苗代谷筋、三つに頃末村さやか谷筋、四つに杁《えぶり》村唐戸尻から下二《しもふた》村と、四つのコースが提案されました。ところが各村の庄屋の意見は分かれて、なかなか結論にいたりません。そうこうするうちに、宝永四年十一月に富士山が噴火したため、幕府は高役金の拠出を各藩に命じます。それも一万石以上は百石につき二両宛との達示《たっし》でした。福岡藩は一万両以上と負担を課せられて藩財政はいよいよ窮乏したため、堀川どころではなくなり、中止となってしまったのでございました。

享保の飢饉

享保四（一七一九）年、東蓮寺藩の十七歳の黒田継高が福岡藩六代藩主となりました。その翌年から六年、九年、十一年、十四年、十六年と雨、雨、雨が続いて毎年のように稲が腐り、慢性的な凶作で「魚、鳥、家畜、雑草など食べつくし、中には、畳をほどいて、そのわらを煎じて飲む人もいた」（「遠賀堀川の歴史」国土交通省遠賀川河川事務所）ほど、食べるものはなくなり、人々は飢えに苦しんでおりました。そのうえ疫病が発生し、さらに気温が上がるとイナゴやウンカなど害虫が大量発生して、稲や大根だけでなく、筵《むしろ》や壁土まで食い尽くす凄まじさでした。道祖神様の祠の前には、神にすがる痩せ衰えた村人が手を合わせてうずくまり、なかにはそのまま息絶える人も少なくなかったのでございます。

追い討ちをかけるように、翌十七年も一月二月三月と雨がつづき、前年に補修したばかりの土手も崩壊して田畑に流れ込み、溢れた川水は家も家畜も人も飲み込んでしまいました。藩内の餓死者十万余人、なんと福岡藩の人口の三分の一が餓え死にしたのです。遠賀郡だけでも死者は八千人にのぼり、牛馬も四一六五疋が被害に遭うなど、享保十七年の飢饉の惨状は、筆舌に尽しがたく余りにも悲惨でございました。「福府秘要録」には、「七月十六日より在々の民女五人十人同伴して市中徘徊して袖乞《そでごい》する。（中略）漸々に飢おとろへ路頭に死するもの、一日のうち十人、二十人両市中に算《かぞふ》るにいとまなし（中略）死たる人は漸々に浜に埋ける。其あたり穢物嗅気言語に絶し鳶鳥肉むらを争ひ、里の犬手足など喰持（中略）田舎ものは助かるものもありしに、市中の貧人は大かた死けるよし」（『芦屋町誌』）と、その惨状が綴られております。

かろうじて生き残った者も食べる物もなく飢え衰え、川辺にも道端にも至るところに、動けなくなって座り込んでおりました。各地の村で「お救い小屋」が造られまして、粥を村人に施していたのですが、お救い小屋を目の前にしながら力尽きて亡くなった人たちも大勢いたのでございます。後日その場所に、村人によって「飢人《うえにん》地蔵」が建てられ、いまも哀しい記録を残しております。町も村もどの人も生きる希望を見失い、生と死の境をさまよいながら、呆然としているだけでした。

享保の大飢饉のあと、遠賀川下流域では村に住んでいても農耕はせず、日雇いなどで収入を得る「遊民」とよばれる人たちが生まれます。家も田畑も流されて農耕では食えなくなった人たちが、やがて石炭の採掘や運搬を手伝ったり、船頭へと移っていくのでした。

生きるか死ぬか切羽つまった村人の頭の中に、「堀川さえあったら」と、再び堀川開削の願望が湧き上がりました。かの昔に長政の計画した経路を掘れば、水害も緩和されるのではなかろうかと、一すじの希望をたぐり寄せ、必死の思いで吉田村苗代谷筋の水引き普請を願い出たのでございます。

藩の思いも同じだったのか、幸いなことに元文元（一七三六）年十月、御用人の櫛橋《くしはし》又之進をはじめ郡奉行らが検分して、いよいよ十一月六日より着工の運びとなりました。明けて正月、苗代谷の岩盤に一間四方のトンネルを刳り抜く工事は、岩瀬村の石屋与市を頭《かしら》に任命して作業は始まりました。

石工《いしく》を諸国より呼び集め、受方銀も支払っての工事です。与市は一カ月に三間余（四五〇メートル余）の予定を立て、来る日も来る日も穴のなかで仕事を続けます。世間の人はそんな与市を「もぐら与市」などと呼んで期待をかけて見守っておりました。しかし岩山は想像以上に硬くて工事ははかどらず、石屋も他所から来た者は次つぎと逃げ出して行きました。さらに工事の可酷さだけが世間に広がり、新たに手伝う者も集まりません。それでも与市は黙々とトンネルを掘り続けていました。

ところが、六月に一度中止となり、半年後に再開されるも、翌年の四月二十五日に七十五間ばかり掘り進んだところで、突然取り止めになったのでございます。予想外に費用と時間がかさみ、諦めざるを得なかったのだろうと噂されました。本当のことは知らされないままで、お上に対して恨みと虚しさと絶望だけが、残されてしまったのでした。

ハゼ蠟の奨励

福岡藩は享保十五（一七三〇）年に、荒地でも育つハゼの栽培を奨励《しょうれい》しました。これは享保の大飢饉によって疲弊した農民を救済するためであり、なにより藩財政の回復のためでもありました。那珂郡《なかぐん》にハゼ苗仕立所を設けて、苗の分配や育成の指導にあたり、空地や山はもとより川土手や街道筋の左右など、至るところにハゼの木が植えられました。村人は苦境のなかに射す一筋の光明のように、こぞってハゼを植え、栽培に取り組んだのでございます。

ハゼの木は高さが一〇メートルほどの大木に育ち、五、六月ごろになると葉のそばに黄緑色の小花を房のように咲かせます。晩秋から初冬にかけて灰黄色の平たい実をつけると、ハゼの実ちぎりが始まります。竿竹でハゼの実を打ちながら大籠に落とす風景が、遠賀川土手や空地のあちこちで見られるようになりました。

しかし、ハゼの実を採るだけでは商品にはなりません。実を絞って木蠟《もくろう》を取り出す蠟締め（板場）が必要で、商人などが絞り機を整えまして、農民からハゼの実を買い上げるようになりました。それを生蠟《きろう》にして黒崎、若松の港から大坂に出荷いたします。五～六年経った寛保（一七三六～四三）のころには少しずつ利益も出るようになっておりました。ハゼは木蠟だけでなく樹皮は染料になり、実の絞め粕は干して燃料に使い、その灰は田の肥料にするなど、捨てるところはないほど活用しておりました。

その後、行燈《あんどん》が普及したおかげでローソクの生産が増大したことや、日本髪の鬢付《びんつ》け油《あぶら》などの需要が大幅にのびまして、農村も潤い板場も財をなして、ようやく農家も落ち着きを取り戻している様子でした。筑前、筑後は全国有数のハゼの実の産地となり、大坂に集まるハゼ蠟の八割を占めるほどになっていたのでございます。

ところがその順調な成り行きを見ていた福岡藩は、寛政八（一七九六）年九月に蠟座仕組を作りまして、蠟会所を博多と甘木、若松（のちに植木）に設けて販売を独占いたします。売上利益の半分を藩が取るよう図ったのです。嘉永三（一八五〇）年には黒崎、芦屋にも「生蠟会所」の出張所が設けられ、藩の専売とされてしまいました。

ハゼの木といえば秋の紅葉はみごとなもので、川岸も山も家の庭も燃えるように美しく彩られ、そのなかを子どもたちは元気に走り回って遊んでおりました。ところがハゼはウルシ科ですから、樹液にさわった子はかぶれて腫れ上がり、またその子にさわるだけで他の子もかぶれ、どの子も頬っぺを真っ赤に腫らして遊んでおりました。昭和の三十年代までは堀川筋でもハゼの木を見かけておりましたが、いまはすっかり姿を消して寂しくなりました。

堀川工事再開

黒田継高と櫛橋又之進

黒田継高も六代藩主に就任してはや三十一年目、度重なる凶作に藩財政は常に逼迫し、米の収獲高を上げるための打開策に日夜悩んでおりました。元文三（一七三八）年に穴生干潟の新田や延享二〜三（一七四八〜四九）年に本城御開の新田などを造ったものの、水を如何にして確保するかが頭の痛いところで、つまり用水が足りないのです。継高はこの辺りで狩りを楽しんでいたらしく、度々底井野のお茶屋に立ち寄っては、村人の意見にも熱心に耳を傾けておりました。

寛延元（一七四九）年、御用人の櫛橋又之進が郡方元締めとなったのを機に、継高は堀川の調査を命じました。

又之進も未曾有の享保の飢饉をつぶさに体験し、堀川の必要性を痛感しておりました。又之進も継高と同じ直方東蓮寺藩の侍で、遠賀川筋の実状をよく知っております。さっそく、遠賀、鞍手、嘉麻、穂波の各郡をくまなく検地し、長政時代に残された堀川工事跡を検分したり、さらには郡奉行神崎庄右衛門、郡代の樋口貞右衛門・大森善右衛門・高村幸右衛門にも見分をさせ協議をいたします。工事跡はその後、寺の放生池となったり、蓮根堀となったり、埋め戻されて畑に返ったところもありました。貴船神社の近くでは、掘った後に水が溜ったところを、当時堀川開削の総司であった栗山大膳にちなんで「大膳堀」と呼び、難工事の爪跡として残っておりました。

さっそく、又之進は村人や役人の意見をまとめ、堀川の再開削をすれば荒廃した田畑も復旧して百姓は救われ、国益も多いと継高に進言いたします。翌寛延三（一七五〇）年、工事の再着工が藩から公表され、明けて四年正月より試掘の工事に取り掛かります。総司は前年七月に財用元締に昇任した又之進が務めることになりました。

又之進は村人が祟りを畏れて尻込みする大膳堀を避け、西へ一谷ちがえた車返《くるまがえし》に径路を変更しました。車返の嶮しい山間を切り貫けば、あとは元和七年のままの経路であることを説明すると、やっと村人の同意を得ることができ工事再開となりました。さらに今回は「費用多くして却って郡中の煩《わずら》いにもなる」からと、功を急がず、気長に取り組むことを心がけたのでございます。

慎重な又之進は、まず郷夫頭の城戸弥七と古野勘兵衛と勝野又兵衛に車返の試し掘りを命じ、五月から郷夫（石工）三十人を以て工事を始めます。ところが車返は固い砂岩層でしたから、想像をはるかに超えた困難な仕事となりました。「郷夫頭や郷夫棟梁の研究の結果、『とい切』という方法で石を割って掘進」（『中間市史』）したのですが、鏨《たがね》や槌の消耗は激しく、そのため福岡より鍛冶職を雇い、車返の近くの郷夫小屋に詰めさせての工事となりました。

車返の四〇〇メートルを切り抜くのには四年の歳月を要しました。そして試掘の結果、「御普請御成就に可被成様子」と、つまり衆庶が力を合わせてすれば必ず成功するとの報告を受け取った藩は、宝暦五（一七五五）年六月に江戸幕府へ堀川再開削の伺いを立てます。その伺書の内容については、細部にわたり大変なご配慮をされたと聞いております。幕府は外様大名の動きのなかでも、とくに土木工事に大変敏感になっていたのです。

たとえば「洪水を防ぐためと言っているが、軍事用の施設ではないのか」と疑いますので、それに対し、「城下から十里余（四〇キロメートル余）も離れたところで、しかも往還通（筑前街道）からも離れているので軍事用の効果はございません」と説明しなければなりません。また車返で「盤石を切り開く」と書けば「堅固な要塞ではないか」と誤解を招きますので、「石山」に書き替えた方がよいなどと、時の老中堀田正亮《ほったまさすけ》相模守（下総佐倉藩主）から指示があったとも耳にしております。

何度も何度も文面を書き直した結果、やっと幕府より了承を得て本堀りが始まりました。石工も三十人から九十人に増やし、砕いた岩を運ぶ川人夫二百人は農民ではなく日雇夫を使用し、一人につき二十一文を支払うことなどを決めました。農民は普請場や土石の運搬などを手伝い、参加した者には米銭を支給いたします。飢餓で疲弊した民力の回復のためにも、長政の時代のような強制的な無賃銭勤めではなく、仕事に励む者には個人的に褒賞を与えたり、摑銭といって、口の狭いざるの中に手を入れて摑めるだけの銭を給するなど、工夫を施しました。人々は日銭が稼げると、喜んで工事に協力をいたします。人夫の使役頭には底井野村の久作が選ばれ、宝暦六年に車返に移り住みましたので、人々は「車返久作」と呼んでおりました。

車返切貫。岩盤435メートルを掘り抜き、運河の水路をつくった（水巻町教育委員会提供）

車返に郷夫を出したことは、次のような記録にも残されております。

十二月二十一日
遠賀川筋水はきのため、吉田村抱車返谷石材取除被仰付候。組郷夫召連罷越、交代仕、精を出、裁判可仕事。木戸弥七
古野勘兵衛
（『福岡県史資料』第四巻）

また工事をするとき一番必要なのが飲み水で、飲料水を確保するために掘ったのが、のちの人々が「宝暦

『筑紫遺愛集』に描かれた工事を指揮する一田久作（中間市教育委員会提供）

水」と呼ぶ石井戸でございました。この井戸は大正末期まで使われていたのですが、いまは見つけることもできません。

　宝暦七（一七五七）年五月に又之進は栄転になり、同じ東蓮寺藩の家臣だった郡方元締役の浦上彦兵衛が宰判（監督）となりました。彦兵衛は車返から大膳堀までの区間を見分すると、試掘のままの三間（五・五メートル）の川幅では狭いのではないかと考えました。洪水のときの水吐きや船運行を容易にするためにも、また将来の国益も見据えると、川幅は当初計画の六間（一〇・八メートル）幅は必要だが、しかし完成までの期日を考えると三間広げるのは無理があると判断します。このままでは後で困ることになるだろうから、せめて半間（九〇センチ）だけでも拡張するよう、同八年三月五日に郷夫頭に命じました。

　車返一四五メートル区間で川幅六・四メートルの拡張工事も九月に終わると、工事開始から九年の歳月が過ぎておりました。

峠のわたくしの足元から川底までは六丈五尺（約二〇メートル）あり、切り貫いた岩盤の深さは壮観で、見下ろす度に足が震えたものでした。この車返の切貫《きりぬき》の長さは四三五メートルもありまして、岩盤に鏨《たがね》と楔《くさび》の跡が深く細かく刻まれているのがはっきりと見え、工事の厳しさが伝わってまいります。切貫工事には延べ十万人以上の人々が夫役《ぶやく》したといいます。いまでも昔の人の知恵に驚きますのは、吉田や岩瀬で川と交差するとき、もとの川を暗渠《あんきょ》にして上に堀川を通した伏越二カ所や、岩盤を寸法通りの四角に切り抜く「とい切」で、それを井手や築堤に使用し、石一つ無駄にしなかったことでございます。

吉井川の水門

さて切貫の拡張工事と併行して、上流は岩瀬・中間村を通って遠賀川の導水地点まで、下流は折尾・長崎村を通り金山川《きんざんがわ》（則松川）と合流させる工事に着手いたしました。すべては長政の設計の通りに施行します。下流工事は陣原で金山川の流れと合流し、洞ノ海と繋がったのは宝暦十年三月でした。金山川の源流は上上津役《かみこうじゃく》の足水《たるみ》の谷で、その奥に昔砂金を掘っていた竪穴が残っていることから、ここより流れる川を金山川と呼んでおりました。

工事も終わってホッと一息ついたその年の五月、雨が降り続き、とうとう十八日に切貫の北山が三、四十間ほど一晩で崩れ落ちて、切貫を埋めてしまいました。長政の時代に祟りと畏れさせていたのは、このようなことだったのかと、皆々は実感されていたように思います。

そこで遠賀川から水を引き入れるため、中間村中島（現屋島）に引き込み口を掘って石唐戸を設け仮通水《かりつうすい》する運びとなりましたが、地盤が軟弱なため水門が水勢に耐えられず、二度とも決壊してしまいます。

さてどうしたものか、このままでは開通できないと、早急に話し合いがもたれた結果、以前から聞いていた備前国吉井川に構築されている水門を参考にすることが決まりました。

吉井川といえば、東岸には、黒田家の祖がかつて居住されていた邑久郡長船町《おくぐんおさふねまち》福岡の地があり、米どころ千町平野の入り口になります。長船町福岡は東西に吉井川が流れ、幸いなことに樋門《ひもん》（水位を調節する通水路）近くに位置しておりました。備前は昔から深いご縁のあるところで、長政の三女亀子は、初代岡山藩主池田光政の叔父にあたる池田輝興（佐用二万五〇〇〇石）に嫁ぎ、四代岡山藩主となった池田宗政の正室には継高の長女藤子を迎えておりました。藤子は亨保十二（一七二七）年生まれでそのとき三十五歳、両藩の交流もあって、吉井の水門についても話していたのではないでしょうか。

継高は郡奉行嶋井市太夫と堀川工事の使役頭を務めていた久作に、吉井川の水門調査を命じました。備前へは水路で瀬戸内を行けば、児島湾に注ぐ吉井川河口に着きます。ここには、延宝七（一六七九）年八月、初代岡山藩主池田光政が、児島湾の浅瀬を干拓して三つの新田を造り、藩米の輸送と水田潅漑の目的で吉井川の右岸と旭川の左岸を結ぶ一七キロメートルの運河（倉吉川）を開削し、自然の岸壁を利用した堅固な石垣が築かれておりました。吉井川の取水口から入ると高い護岸に囲まれた「高瀬回し」と呼ばれる舟溜まりがあり、さらに運河へ出る出口にも水門があります。水門が二重になっているのは二つの川の高低差による水量調節のためであり、船溜まりは待避と検問の場所を兼ね、護岸の上には船番所が置かれておりました。

宝暦十一年冬、久作は現地に赴き吉井水門の構図などを図面に書き写し、急いで帰国いたします。久作は吉井の自然の岸壁を利用した水門を見て、中島より少し上流の惣社山《そうじゃやま》の地岩を切り貫いて水門を造れば万代不易であると閃き、帰国後すぐに復命いたします。その翌年の春よりさっそく、惣社山に唐戸を構築する工事が始まりました。

中間唐戸の構築にあたり、その仕組と構図を参考にした吉井水門（岡山市東区吉井）

中間唐戸は惣社山の地岩を切り貫き、幅三メートル、高さ三・四メートル、長さ三・六三メートルと、川艜一艘がやっと通れる幅の間口で完成しました。水門には表と裏に堰を設け、開閉は堰板の両端につけている鉄の輪を引き上げ軸に結びつけて、両側の地岩に刻んだ溝に落し込んで巻き上げる「鳥居巻」になっています。堰板は長さ三・一メートル、幅三三センチ、厚さ一九センチの杉や松材でたいそう重く、唐戸番三人がかりでないと動きません。水門の上には天井石、その上に堰板を置くため、二間半の上屋が造ってございます。表戸と裏戸で水勢を防ぎきれないときに使用する中戸も、上屋と天井石の間に用意して、堀川の水が天井石を越えると中戸で防ぐよう二重に仕組まれておりました。

さて工事も終わり、用水の流れや貢米船など、川船の運航具合も試みて支障がないことを確かめると、いよいよ宝暦十三（一七六三）年正月、堀川運河の通船開始のときがきました。思えば元和七年、栗山大膳指揮のもと最初の一鍬が打ち込まれてから実に一四二年後、ようやく村人の悲願が実を結んだ日でありました。

朝早くから水門のまわりにも堀川の岸辺にも、今か今かと待ちわびる大勢の人々の前で、唐戸の堰板がおもむろに巻き上げられると、眩しい光とともに水が勢いよくあふれ出て、流れに乗った一番船が姿を現しました。川艜の船頭は朝日を浴びてきらめく水面に力強く棹を差し、見つめる人々の目の前を誇らしくゆっくりと下って行きます。間を置いて二艘、三艘と川艜は唐戸をくぐり、棹が右に左に水面を蹴って、朝日が舞い踊るように軽やかに通り過ぎて行くのでございます。

岸辺から歓声があがり、子どもたちは川艜と一緒に走り出し、希望に向かって走っているようでした。宝暦十三年正月の一番船は、忘れることのできない出来事でありました。それからの運河堀川の発展は、まるで夢のようでございました。

振り返りますとあの一番船は、日本の産業近代化の夜明けを告げる宝船だったのでございます。

第二章　堀川開通と日本近代化

堀川開通

一田久作と「堀川筋條目」

ご存知でしょうか。堀川は有料運河なのです。通船が開始されると、開削の使役頭だった久作は堀川工事の功により一田の姓をいただきまして、「永代堀川受持川庄屋役」に任じられ脇差帯刀も許されたのでございます。久作が、住居のある河守神社の対岸で通船料徴収業務を任されましたのは、三十五歳のときでした。

堀川は水下十六カ村の用水だけでなく、上流の人々も他藩の人々も長く安全に水運の利用ができるように、運河を守る規制が作られ厳しく管理されることになりました。明和二（一七六五）年二月、堀川運営の根本法令であります十二条からなる「堀川筋條目定書」が一田家に付与されました。条目に従い守るのも受持川庄屋の役目で、その後も代々一田家の後継者へ付与されております。川庄屋は通船料を徴収するだけではなく、さまざまな約束事や任務がありました。なかでも注目されますのは、土手筋を常に見回って破損箇所の点検と修理を速やかに行うという任務があり、堀川の維持管理の守り人であったことでした。農家も船頭も利用者全員が、定期的に堀川の清掃をするなど、共有財産として大切にしておりましたが、川庄屋はそれらをたばねる役割でもあったのです。

※現代かなづかいに修正

【堀川筋条目】

一、川内損料のため、通船壱艘につき銭五拾文あて、うけ取り候。而して切手あい渡しおき、帰り船の節は右の切手をあい改め候。指図通りに申すべきこと。

一、通船、夜中は切貫内（車返の切貫）をみだりに通させまじく候。ただし、よんどころなく急用でまかり通る節は、その趣きを届けて指図通り申すべきこと。

一、川内の普請、または水加減によって唐戸を閉鎖候節は、堀川の上下に印をあい立て申すべく候こと。

一、通船の数、一カ月切りに（ごとに）さし出で致すべく候こと。

一、土手筋の打開（開発）、蒔もの（栽培）致させ申すまじく候こと。

一、堀川水の村々への配当は甲乙なく、裁判をいいつくべきこと。

一、土手筋の田地、水取りに百姓は、めいめい自由に土手を切り崩させ申しまじく候こと。

但し土手を切り抜き水を取るときには、逐次、詮議して支障のないようにし、水を取らすべく申すこと。
一、土手筋に牛馬を繋がせ申しまじく候こと。
一、吹上井、樋口の魚をとり候ため、水汲み干し候儀停止のこと。
一、土手筋は油断なくあい回り、丈夫でないところあれば、早速、そのところを抱え村へ申し届け、その村夫をもって取り繕いの儀、いたすべく候。しかるに急場の破損などこれあり、そのところ村夫にてむつかしき手筋は、近村の夫《おとこ》を召し仕るべく申し候。もっとも郡夫の用立て申すべきにつき候こと。
一、唐戸番ならびに井手番の勤め方の儀、別紙定め書の通りあい守り候よう、重畳《ちょうじょう》申すべく談じ候こと。
一、土手筋の定め書にあいそむき候者、見あたり候えば、親疎(親しい人)にかかわらず、名をつけ仕り候、早々あい訴《しらぶ》べく候こと。
右の条々かたくあい守るべく候ものなり。
明和二年(一七六五)酉二月
市太夫
車返　久作へ
(柴田貞志『水巻昔ばなし』水巻町)

久作は中間唐戸開通から九年後の、明和九（一七七二）年七月八日に四十五歳で歿しました。明治五（一八七二）年に川艜庄屋が廃止されたとき、堀川受持通船改役も廃止されたのですが、そのとき一田家は六代平蔵の代となっておりました。その後、翌六年に堀川の管理が疎かになると要望が強く、「堀川取締り」として復活いたします。明治九年に再び廃止され、通船料の徴収は川庄屋に代って遠賀郡長に委任され、郡の吏員が駐在するようになりました。それも同十九年に筑豊艜船組合《ちくほうたいせんくみあい》が結成されたのを機に、堀川の維持管理については組合の仕事となったのでございます。

川艜運行

堀川を通る舟は、水深の浅い川でも通れるように底の平たい舟で、川艜《かわひらた》と呼ばれておりました。大きさはいろいろあったようですが、大型で長さ約一四～一七メートル、横幅約二・七メートル、深さ約七六センチ、積載量約六～九トン。小さい艜で長さ八メートル、横約二メートル、深さ約五四センチ、積載量は約二トンで、前後のへりを幅広くとって、荷を多く積めるように工夫されておりました。なにしろ水深も車返で一五メートル、浅いところはわずか一・八メートル、川幅も広いところで一五～一八メートル、狭いところは六～七メートルでしょうか、平均は一〇メートルです。川艜三艘が横に並ぶのは無理な川幅ですから追い抜くこともできず、気が急いている船頭たちの小競り合いもときどき見かけたものでした。開通したころの積荷は年貢米が主で、ほかには大豆や菜種、生蠟《きろう》などで、まだ焚石《たきいし》はほんの一部でしかなく、船も貢米船や焚石船など分けられておりました。

堀川の運行料は、一艘につき往復で三十文（明和二年より五十文、慶応三年一〇〇文、明治三～五年三七五文）です。車返に通船改役が置かれ、舟がそこを通るとき、損料取方を命じられた久作が長い竿の先に籠《テボ》をつけて差し出すと、船頭はテボの中に通船料を入れ、引きかえに切手が渡されます。帰りはその切手を見せれば通れるという仕組みになっておりました。通船料はいったん郡役所に納めますが、その内から堀川の管理や運営費に充てられ、川は守られておりました。

堀川をくだる艜（中間市教育委員会提供）

また、四八〇町歩の田畑に用水の恩恵を受けている水下十六カ村は、堀川筋の修理や川浚《かわざら》えを春秋二回することを義務づけられておりました。そのときは村の人はもちろん郡からもやってきて、三〇〇人ほどで川底にたまった土砂を取り除いたり、伸びた水草などをきれいにしておりました。その費用は通船料の内から支払われますが、みんなで堀川を自分たちの川として大切に扱っていたように思います。

さて、わずか八・九キロメートルの人工川ですが、船を操る船頭にとっていくつかの難所がありまして、スイスイというわけにはいかなかったようです。もともと堀川は治水と潅漑が目的でしたから、その用水を取るための板井手が十七カ所あり、水位差を調整する堰が設けられておりました。そのうち井手番がいるのは中間村中島の車屋井手、折尾村宿口の山ノ鼻（岬）井手、折尾村長崎の矢戸口滑《なめら》ヶ堰《せき》三カ所で、堰の開閉権を握っております。堰は両岸に立てた石柱に溝を掘って厚い木板を落とし、開閉して田畑に水を流す仕組みになっておりました。それは用水のためだけでなく、もともとゆるい丘陵地を流れる堀川ですから、潮の都合が悪く水量が乏しいと思ったときは、水門を板で堰き止めて水位が満ちてくるのを待たなければ、船は動けなかったのです。水が溜まると井手番が水門をあけて、川艜を一気に押し出しておりました。

船頭は堰が開くのを待つ間、舫穴《もやいあな》と呼ぶ土手の石穴に棹を差して一休み。潮待ちで一晩明かすこともありました。井手に川艜の列ができるころを見計らって、酒肴や食べ物や日用品などの売り子が出てきて声をかけるので、けっこう時間つぶしになっていたようでした。

難点は堰止だけではありません。やっと洞ノ海に出ても、荷物の積み下ろしや瀬取りに時間がかかり、堀川だけで往復四、五日かかるのが普通のようでした。遠賀川上流の嘉麻や飯塚あたりから来る堀川経由の船は、十日以上もかかることがありました。

何より辛いのは、中間唐戸から若松へ向かう下りの舟は流れに乗って軽快な棹さばきですが、戻り舟は流れに逆らって舟を引きあげて行かねばならないことでした。三艘から五艘の船が一組になり、船頭は一人だけ残して他は土手に上がり、幅の広い木綿の帯を胸に当て曳き綱と呼ばれるロープを肩にかけて、引っ張って行かなければなりません。浅瀬では寒い冬でも褌一つになって腰まで水に浸かりながら舟を曳く姿は、「挽船まんじゅう」が販売されるほど堀川の名物となっておりました。上り船を曳く川舟人足もいて、手間賃を払えば手伝っていたようです。

川艜の並ぶ堀川の様子(大正時代)。二艘並ぶのが限界の川幅で、先を急ぐ船頭たちの小競り合いが絶えなかった（中間市教育委員会提供）

いまも折尾の橋の下には、戻り舟を曳くときに船頭が歩いた細いくぐり道が残っております。この道は大正・昭和になると折尾高等女学校へ通う女学生の通学路となって、「女学生の径」と呼ばれておりました。

堀川観光

堀川効果は、用水や収獲高の増加ばかりではございません。狭くて水の流れも急な唐戸や高さ二〇メートルの岩盤を切り貫いた車返は、人智を超えた鏨の跡の奇跡と山間の景観が迫力となり、わざわざ堀川見学に訪れる人も多く、一躍観光名所になっておりました。

堀川開通から十二年経った安永四（一七七五）年四月、時枝重記という人の子息が墓参りのため黒崎を訪ねた折、お供の人が記録した『遠賀紀行』（筑前叢書）という日記のなかに、堀川見物の様子が書かれております。

その日、黒崎の宿に着いた一行は、問屋の案内で切貫見物に出かけます。

宿中の石橋より新開土手を通り陣原へ行、本城川渡舟有、長崎川（是堀川より流るゝ水此渡し場の所に出る）より堀川の土手をのぼり行き

さらに長崎川口から堀川に進むと、

吉田村の内、車還（返）といふ所、山間を切貫し所二拾町余、其地の山を川端より望めば、六七丈も有らんと見ゆる岩山にて人力にて掘れる川とは見へず、自然の天工ならんかと疑はる

と、その切り立つ岸壁のみごとさ、荒々しさは人工ではなく、自然のなせるわざとしか思えない、と驚きの様子が記されております。一行は案内者から開削の目的など説明を聞きながら、唐戸の仕組みも見学し、岩瀬村庄屋の家で昼食をとって、宿へ戻ったのでした。

他所者の興味と地元案内者の自慢が伝わって来るようでございます。

さて、堀川は荷物を運ぶ舟や観光船だけでなく、人々の交通手段としての役割も果たしていたことがわかる「湯原日記」もございます。これは鞍手郡古門村の神官伊藤常足の次女で、黒崎の波多野出納守に嫁いだ弓子の日記です。嘉永元（一八四八）年十月二日から三十日まで腰膝の治療のため、吉田から舟で堀川を溯り、二日市温泉に出かけた道中記になっています（この頃は水門も楠橋《くすばし》寿命《じめ》に移っております）。弓子は初めて舟客となって、目にしたものに驚き、素のままに描写しておりますので、舟のなかから見た景色や堀川の様子がよくわかり、大変興味深い日記でございます。

中間唐戸で川艜を上流へ引く船頭
（明治 43 年／中間市教育委員会提供）

たついしといふ所より吉田村のほり川におのむ《（ママ）》く。舟の中よりみるもけふをはじめにて、ことさらにめづらし。舟につなをつけて引さまは、よど川の画みたらんがごとし。

のぼりの舟は流れと逆行するので、船頭が土手に上がり肩と腰に綱を巻いて舟を引いている姿は、京の淀川の水墨画のようだと感動しております。その夜は水巻吉田村に泊り、翌朝早く出発。「又西ざまをさして引登る。岩瀬里、中間里、つたかへでなんど紅葉のいろことにして、えもいわずおもしろし」。旧暦十月三日といえば紅葉のまっ盛りで、川岸や山手には蔦《つた》、楓《かえで》、櫨《はぜ》の木もあり赤黄橙と色とりどりの美しい景色を、舟から見上げ眺めるのもめずらしく、旅情を存分に味わったことでしょう。

中間のさとに、水せく川の唐戸といふもの数ある中に、もぐらがらとゝて、名もおもしろきからとあり。あけて水を流す時は、はやくておそろし

中間唐戸に着きますが、堰戸をおろして水量を蓄えて、一気に舟を押し出す仕組みになっておりますので、流れに乗せた舟の勢いは早く恐ろしいほどだったのでしょう。

そこよりすこしのぼりて、寿名（命）がらとゝてあり。これはめでたき名にたつ唐戸なれど、おなじく水瀬はやくぞ見ゆ。ここに鞍手郡なる植木のさとの舟人とて、あらくれたるをのこ五人ばかりあひて、この舟をたすけてはやせを引のぼす。

楠橋寿命の水門をくぐると本流の遠賀川に合流です。唐戸の仕組みは中間と同じですが、ここでは舟人足の男五人ばかりが手伝って水の勢いにのせて舟を引き、無事に遠賀川へ出ることができたのでした。ところが弓子は手伝ってくれた舟人に、荒くれ男などと言ってごめんなさいと反省し、そのときの気持ちを歌に詠むのでございます。

遠賀川を走る川艜。堀川の舟よりも大きく、帆がついている
（中間市教育委員会提供）

水よりもめぐみはふかき舟人を
　あらくれ人となにおもいけむ

さて、こゝをゆきすぐれば大川になむ。みづのせもいと〱おだやかにして、風もまた追てとなりぬ

遠賀川に出ると流れも穏やかになり、風も追い風となって飯塚までの舟旅は快適で、まだまだ発見もいっぱいありました。飯塚からは駕《かご》に乗り御笠郡《みかさぐん》武蔵《むさし》温泉《おんせん》（現筑紫野市二日市温泉）に行き、湯治が終わると、同月二十一日におなじコースで帰宅するまで日記は続きます。帰路も堀川を下り、なめら川

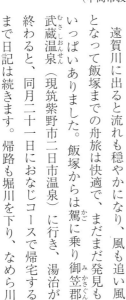

（金山川の合流点）の川尻に舟を止め、翌三十日朝、舟は帆をあげて黒崎の五段（船着場）に帰り着くのでした（前田淑『近世福岡地方女流文芸集』葦書房）。

堀川は自然や暮らしのなかに溶け込み、井手堰のある辺を中心に食事処、鍛冶屋、酒屋、味噌醤油屋など、船頭相手の店もできて、人々の往来も盛んになっていきました。今日の県道のような役割を担っていたように思います。

堀川開通余波

主要港の変動

堀川の開通は、それまでの交通網を一変させるほどの大事件でした。長政の筑前入国以来、長崎街道筋の黒崎港と洞ノ海の出入り口にある若松港は、旅客と積荷のことで幾度となく衝突を繰り返しておりました。ところが堀川が開通してからは、街道筋を通って黒崎に集まっていた積荷は、中間唐戸から堀川を下って若松港へ行くようになり、また遠賀川を下って芦屋港に集まっていた積荷も、江川を経由して若松港へ集まるようになります。なぜなら堀川を利用した方が、所要日数も短く運賃も安くあがることが大きな理由でした。黒崎も芦屋もこのままでは死活問題と危機感を募らせ、堀川が開通したその年に、さっそく歎願書が出されております。

郡奉行宛　歎願書　宝暦十二年

遠賀川の堀川開通す。其の結果従来六宿筋（原田、山家、内野、飯塚、木屋瀬、黒崎）より黒崎に集りし貨物は、川舟にて若松に下し、遠賀川口の芦屋より積出せし荷物も、若松より積出すにいたれり。

（「木村家記録」〈『八幡市史』〉）

また芦屋にとっては、享保五（一七二〇）年に福岡藩の米蔵が若松修多羅に移された影響も癒えないというのに、浦奉行所までも若松と黒崎に置かれ、さらに堀川開通は大きな痛手となっておりました。

若松は先年御米御積立所等、芦屋より所替に相成候巳後は、格別所中渡世筋も相増シ、其上堀川出来以後は、千年巳来芦屋へ積下シ、同所より諸国へ積出荷物も、過半若松之様に積送り候様ニ相成、芦屋表渡世を失ひ候たけは、若松之賑と相成、彼是渡世も手厚く相見へ……

（「黒崎記録」）

と実状を訴え、積荷が減少して商売が成り立たず、苦境に陥った様子が伝わってくるのでございます。

開通から二十五年経った天明七（一七八七）年十一月に、黒崎港から船町並びに船持中より差し出された歎願書には、さらにその後の切羽詰った様子が綴られてありました。

近来吉田新川御堀抜、御普請以後者、長崎糸荷類所荷物旅人等迄も、飯塚、木屋瀬辺より、艜にて若松に行き船に積み替えているので若松はどんどん繁盛しております。其の上、御積立所御役所が建ち、若松は船渡世も多く、殊の外繁昌の様子です。

黒崎船町は、近年船稼動も段々衰微し、船数も減少し、（中略）何卒此の後も船持ちが渡世を続けられるように、御慈悲を以、宜敷くお願い申しあげます。（『八幡市史』）

芦屋も黒崎も堀川の影響は深刻で、現状の苦しさと先行きの不安を吐露し、お上に訴えておりました。

上流の村に被害

堀川は惣社山の岩山を切り貫いて水門をつくり、ようやく開通いたしましたが、遠賀川からの取水がうまくいかない欠点がありました。堀川は高低差のほとんどない川で、なによりも中間唐戸は、周辺の川より川底が高いため、遠賀川の水量が乏しくなると流れ込みが悪くなるのでした。水量がなければ船は通れず、用水にも不足いたします。そこで取水をよくするために、中島の東に長さ二十八間、高さ三尺三寸の東井手を築き、遠賀川の水を堰き止めて堀川へ流すことにしました。それでも取水量は十分ではなかったので、さらに明和三（一七六六）年秋、中島の西に長さ四十八間、高さ三尺六寸の西井手を築いたのですが、井手に泥砂が堆積して壊れたり、逆に井手に水が溢れて逆流し、上流の村々の田畑を湿田化するという、深刻な問題が起こってきたのでした。

さらに東西の流れが堰き止められたことで、遠賀川を下る川艜の通船が困難となってしまい、船頭たちの苦情が殺到します。安永二（一七七三）年春には川口と唐戸の間に通船切抜き（安永井手）を設けたりと、あれこれ試みましたが、取水がうまく行きません。両地域の人々からは、東西の井手を取り除いて欲しいと、切実な請願が出されるようになり、上流の村の死活問題へと広がっておりました。

堀川の川口を唐戸からさらに上流の木屋瀬に近い楠橋へ移す検討が始まったのは、享和二（一八〇二）年のことでした。翌三年六月に調査をして、文化元（一八〇四）年二月に楠橋寿命への移転工事が始まりました。工事監督は郡奉行の坂田新五郎があたります。楠橋寿命から堀川を掘削して笹尾川（真名子川）と合流させて中間唐戸と繋ぎ、同時に東西の井手や安永井手などすべて取り除く工事も進められました。中間唐戸から楠橋寿命まで三・一キロメートルの延長工事はその年の六月に完成いたしました。

これによって堀川は一二キロメートルの水路となりました。中間唐戸の完成から三十一年後、福岡藩十代藩主で蘭癖大名と名高い斉清《なりきよ》の代でございました。元和七（一六二一）年一月の堀川開削第一歩から数えますと、なんと一八三年の歳月を要しておりました。

堀川開削工事によって、水田・畑の面積合わせて一八ヘクタールが堀川床費地となって消え、それも「徳引」と称して藩に無償で没収されます。溜池も六カ所が埋められたといいます。しかし、その代わりに増えた田畑は四八〇ヘクタールと大きく、遠賀郡の収獲高も堀川開削以前の元和二（一六一六）年は三万九三五一石、開削以後の天保六（一八三五）年は五万四八八四石と、一万五五〇〇石以上の増収となっておりました。なにより、遠賀川上流から産出される米や木材など、堀川経由の積み出しによって、藩は計り知れない利益を得たのでございます。

しかし、治水が目的の一つであった堀川開削でしたが、大雨になって遠賀川が増水すると唐戸は閉じますので、治水は堀川水下の村々に限られ、遠賀川沿いの人々は相変わらず洪水に苦しんでおりました。明治までの短い間にも、天明の飢饉（一七八二〜）、天保の飢饉（一八三三〜）と、江戸時代の三大飢饉と数えられる大飢饉に見舞われ苦しむことになります。

筑豊炭鉱の揺籃

燃える石

筑前で「燃える石」の記録といえば、文明元（一四六九）年正月十五日、三池郡稲荷山《とうかやま》で百姓が焚き火をしたとき、黒い石に燃え広がったと記されている（明治六年「鉱山年報」）のが初見でしょうか。その後、遠賀郡垣生《はぶ》村では文明十年ごろ、五郎太という者が焼肥《やきごえ》をしていたとき、かたわらの石が燃えたことで発見（『福岡県史資料』第一輯）。同じころ香月村畑金剛山で、「燃える石を発見して薪にした」と伝えられ、中間村でも天正のころ（一五七三〜）、本町屋戸の切通し作業中に燃える石を発見し、「珍石火となり燃ゆ」と記されております。この「燃える石」が石炭です。

しかし、まだ一般化されるには遠く、発見されたその周辺のわずかな人々が、必要なだけ掘って薪代わりに使っていた程度だったようです。石炭は燃やすと煙も臭いもひどく、周囲は真っ黒に煤けるので、手軽な薪に比べると普及するに至らなかったようでした。

ところが貞享年間（一六八四〜八七）に、福岡藩が石炭の採掘を始めます。度重なる江戸幕府の普請手伝いや参勤などのために深刻な財政難に悩まされていた福岡藩は、借り入れた藩債もかさみ、その償還のために木材を濫伐《らんばつ》してしまったので、生活する薪材さえも不足しておりました。その代用にかねがね耳にしていた「燃える石」を用いるようになり、藩自らが採掘を始めたのでございます。このころになると石炭のことも少しは知られるようになり、使う人も多くなってきたのではないでしょうか。

元禄四（一六九一）年二月、オランダ東インド会社の船医ケンペルは、長崎から江戸へ向かう道中記『江戸参府旅行日記』（平凡社）のなかで、「木屋瀬は大村ともいうべき程なり、この地の人々は甚だ黒く又汚くして行くは石炭を焼くがためなり」と、町の人が石炭を使うため煤けていることを記しております。堀川工事中にも発見され、焚き火に使っていたようでした。

藩の儒学者貝原益軒も宝永六（一七〇九）年の『筑前国続風土記』の燃石の項に、「遠賀郡、鞍手、嘉麻、穂波、宗像郡の中、所々山野にこれあり。村民是をほり取て、薪に代用ゆ。烟多く臭悪しといへども、よくもえて火久しくあり。水風呂のかまにたきて尤よし。民用に便あり。薪なき里に多し。是造化自然の助也」とあり、当時の様子がうかがえます。

聖徳年間（一七一一～一五）になると薪木が乏しくなった博多に、その代替燃料として遠賀川上流の地域から石炭を送ったとの記録もございますが、石炭の販売が許可されたのは享保五（一七二〇）年のことでした。「燃える石」は「焚石《たきいし》」と呼ばれ、船主たちは田川や鞍手からこれを購入し、近くの浦々へ売るようになりました。それでもまだ近村に限られ、領外への旅出しは禁じられておりました。

亨保の飢饉のあと、天明年間（一七八一～八八）には松林を切り尽くして薪炭の供給が逼迫し安価で熱効率がよく豊富に手に入る石炭の使用が広がっておりました。

「石百斤を五十文の値をとれり、扇ヶ浦、大辻にてたき石を掘り、世渡る者」もけっこう多かったようです。そのころは地主の承諾があれば、庄屋に届けるだけで自由に掘ることができておりました。村人は石炭を掘って黒崎浜まで背負って運び、塩田の塩と交換していたという話も聞いております。

延享から文化、文政にかけて（一七四四～一八二九）、石炭の販売は遠賀川を下り、芦屋から積み出しておりました。ところが石炭の需要が少しずつ増えていくと、藩が採掘の許可を出して鑑札代を徴収するようになったのでございます。

和田佐平

堀川といえば石炭輸送と思われるでしょうが、開通当時は貢米や大豆、木材などが主で、石炭艜はほとんどありませんでした。石炭の採掘は貞享年間（一六八四～）に始まったものの、掘った者が家で風呂焚きか薪の代用に使う程度で、売買するまで普及していなかったのです。石炭の販路拡大の功労者として、若松村の庄屋、伏見屋の和田佐平を忘れてはなりません。佐平は大変商売熱心な人で、当時四十代の働き盛りでした。ある寒い日、仕事で福岡へ行く途中のこと、百姓が数人集まって暖をとっているのを目にします。見ると焚き火ではないし、不思議に思った佐平が近寄って見ると、真っ黒い石が赤い光を発して燃えているではありませんか。石を焚いて寒さを凌いでいたのです。「その石は何ですか」と訊ねますと、お百姓は「五平太」と答えます。その場で佐平は百姓に頼んで、その塊を少し持ち帰りました。家に帰った佐平はその不思議な石を見ながら、何かに使えないだろうかと何日も考えておりました。

そのころ周防三田尻（山口県防府市）の塩浜では、天日で濃縮した海水を煮詰めるために、大量の薪を使っておりましたが、享保以後、薪が不足して困っていると聞いたことを思い出しました。佐平は薪の代用に使えないだろうかと思いつき、さっそく船二艘分の石炭を仕入れて、周防三田尻へ向かいました。しかし、石炭の使用法をきちんと相手に説明できず、失敗に終わってしまったのでした。意気も消沈して戻る佐平は口惜しさのあまり、石炭を全部海中に捨ててしまったとのことです。

とは言え、それでも諦めきれず、何日も何日も石炭の焚き方を研究し工夫し、試みては何度も失敗しました。そしてついに、塩焼竈の下部に鉄網を敷いて石炭を焚き、さらに煙突をつけると、火力がつよく経済的であることがわかりました。佐平は再び三田尻へ向かい、塩田業者の目の前で石炭を焚いて見せますと、反応も非常によく、売り込みは大成功でした。薪よりも塩焚き日数が短縮され、燃料費も四割近く軽減することができ、塩業経営に画期的な高結果をもたらしたのです。筑前炭は品質がよく、そのうえ必要なときに注文すれば、その日のうちに入津するので買い置きせずにすむと言って、三田尻の塩浜のほとんどが使ってくれるようになったのでした。

その噂は次第にほかの地域の塩田業者にも伝わり、争って注文が来るようになりました。また製塩業だけでなく鍛冶屋、染物、瓦工場、陶器製造業者などにも広がり、佐平は大量の注文に応じるため、坑夫を使って自ら石炭採掘に力を入れ、各地に送るようになりました。ところが領外への販売を禁じていた藩の耳に入り、天明八（一七八八）年、石炭・焚炭を藩の統制下におく「石炭仕組」を定めて統轄にのり出し、佐平は捕らえられて獄舎に繋がれてしまったのです。

「突如として他国への石炭移出を禁止」（『防府市史』通史Ⅱ近世）された三田尻浜の塩田業者は死活問題であると、福岡藩に歎願をいたしました。まもなく福岡藩は芦屋と若松に「焚石所」（集積所）を設けますが、そのとき佐平は赦され、その経験と実績を生かして手代となって働いたとのことでございます。翌年の寛政元（一七八九）年秋、三田尻に限って石炭の輸出が認められ、その際に「旅出し（領外）焚き石の集荷に限り若松港」と定められましたのが、若松と石炭の堅いご縁の始まりでした。

石炭の普及に貢献した和田佐平は、文化八（一八一一）年に八十八歳の生涯を閉じました。

石炭の藩専売

天保元（一八三〇）年、芦屋の「鶏卵会所」勤務を命じられたのが、藩の財政通として名高い松本平内でした。もともと「鶏卵仕組」は寛保三（一七四三）年二月に黒崎に設けられたもので、郡内の卵を集めて十日ごとに出荷しておりました。天明八（一七八八）年に一度破綻しますが、天保元年に再開され、建て直しを図るべく松本平内が命じられたのでございます。

芦屋の鶏卵会所に赴任した平内は、そこで石炭の産出販売が盛んな現状を目にいたします。これは卵の比ではない。石炭こそ収入増加の可能性は無限大にあり、藩財政の立て直しにはうってつけと実感し、改めて正式な「焚石仕組法」を藩に建議いたします。すぐに藩は実行に移し、塩田用のみだった若松にも「焚石会所」が置かれ、芦屋と共に石炭の採掘、輸送、販売まで本格的な統制が行われるようになったのでした。

仕組法とは、石炭を掘りたい者（坑主）は、藩主の許可を得ると採掘資金の前借りができ、その額に応じて採掘量が決められ、採掘した石炭は焚石会所に積み出して買い上げられて、前借りを返済した残りを坑主が受け取る仕組みでした。買上げ額と販売額の差額が専売の収益となり藩の財源になるという、いわば採掘奨励と中間搾取の制度でありました。

ところがその仕組みは藩の財源増だけでなく、遊民の救済でもありました。享保以来、度々の飢饉で田畑を手放した農民が遊民となって溢れていたので、その救済のために採掘費を前貸しして採掘させようと、積極的に進めていた面もあったのでございます。天保八（一八三七）年に「焚石会所作法書」が定められ、ここに「石炭仕組法」が確立いたします。寛保三（一七四三）年二月に鶏卵仕組、同八年九月の蠟座仕組、そして焚石仕組と、藩の監督・取り締まりは厳しくなっておりました。

石炭採掘といってもその頃はほとんどが露天掘りや狸掘りで、水が出ると次に移るといった掘り方でした。炭坑は「焚石丁場」、坑口は「間歩《まぶ》」と呼ばれていました。

藩が石炭の統制にのり出しても、まだ出炭量の規模は小さく、堀川に占める石炭舟はわずかでございます。寿命に水門が移された十二年後の文化十二（一八一五）年は、一日四～五艘で、天保十三（一八四二）年になると年間の通船数は九六三八艘、そのうち焚石は五四三九艘でした。一日にすると十五艘、全体の二十六艘のうち半分強と言ったところでしょうか。まだまだのようです。

さて余談ですが、石炭仕組法を藩に建議した松本平内とは、明治に入って石炭問屋として活躍する松本安川商店の主、松本潜《ひそむ》の義理の祖父にあたります。明治に入り松本安川商店は、「芦屋焚石会所」の建物で始まりますが、それはまた、のちの話にいたします。

明治新時代へ

黒船

弘化二（一八四五）年から嘉永六（一八五三）年の八年間だけを見ても、弘化二年は六月と八月の二回、台風で稲も大豆も実らず、四年の雨期には大雨で遠賀川の土手が切れて泥田になり、嘉永元年はまた長雨で麦が腐ってしまいました。翌年も雨期の長雨で、中間村から浅木（遠賀）の間の土手が切れて田畑は全滅、人々は立ち上がる間もなく、八月には台風となりました。

それに追い打ちをかけるように弘化四年から牛馬の流行病が発生。二夜三日のご祈禱を続けて何とか治まり胸をなでおろしますが、嘉永三年に遠賀郡内で再流行し、今度は昼夜十七日間のご祈禱をいたします。さらに同六年は六十六日間も雨が降らず大旱魃となりました。大雨、害虫、牛馬の流行病、そして旱魃と毎年のように農民は苦しめられ、飢餓死や病死者が路上に溢れ、人々は何かの祟りではないかと神に祈るばかりでした。

そんな息も絶え絶えな人々の耳に、国の根幹を揺るがすような大事件が起こっているという噂を風が運んでまいりました。

嘉永六年六月三日、大砲を装備した四隻のアメリカ軍艦と兵員五、六十人を率いて、ペリーが浦賀に来航し、幕府に和親条約の調印を強く迫っているとの噂でした。いわゆる黒船が日本に来航したというのです。それまで鎖国をして二〇〇年余の間、安穏と過ごしてきた幕府は、上を下への大騒ぎとなりましたのも当然のことでした。ところが、それだけでは終わりません。その翌月の七月には、長崎にロシアのプチャーチンが来航し、開国を迫ったのでした。

その噂を耳にした遠賀郡内の浦々受持ちの各社家はじっとしていられなかったのか、五名連名のご祈禱願書を浦肥後守宛てに出しておりました。

文永弘安の蒙古襲来時は神官僧徒も軍役を勤めました。また嘉永三年夏は、禁庭異賊退散の御祈禱を伊勢大神宮において十七日間執行されましたときも、私たちも同じく執行いたしました。つきましては、お国のご恩に報いるためにも、御上御安泰武運長久異艦退散の御祈禱を十七日の間執行いたしたくお届けいたします。

嘉永六年八月五日より執行いたしたいこと、尚村役人より指留されましたので、祈禱中のお祓太鼓を打ちならすことは、ご遠慮申し上げます。

嘉永六年六月八日

中山出雲
幡掛近江守
黒山遠江守
波多野飛騨守
伊高阿波守

神官だけでなく郷の人々も、自然の猛威や疫病だけでなく、国の一大事すら、祈ることしかできなかったのです。

露使応接掛、黒崎を通る

浦賀にペリーの来航を知ったロシアは、後れてはならじと一カ月後の七月十八日、司令官プチャーチンがロシア艦隊四隻を率いて、長崎に入港して来ました。そしてプチャーチンはアメリカと同じ条件締結を幕府に要求して、返事があるまで長崎を動こうとしません。

嘉永六（一八五三）年十二月三日快晴。午前九時に下関を発って小倉に上陸した幕府勘定方の川路聖謨《かわじとしあきら》が、黒崎宿で休息をとる姿がありました。去る九月二十日に突然、大目付格の筒井《つつい》政憲《まさのり》と共に露使応接掛を任じられて長崎行きとなり、十月三十日に江戸を発っての道中でした。昼を済ませた川路は黒崎から木屋瀬へ向かい、木屋瀬宿で福岡藩十一代藩主黒田長溥《ながひろ》とゆっくり話を交わしていた様子でした。川路はその日の日記に、

筑前領よろし。去り乍ら貧家多し、山家と木屋瀬の間、村々より石炭夥しく出る。山の如く掘り出したる所等有。赤土の如き山より出る也

と人々の貧しい暮らしの様子や、山のように積んである石炭を初めて目にして、驚きの言葉を残しております（川路聖謨著、藤井貞文・川田貞夫校註『長崎日記・下田日記』平凡社）。

十二月末からプチャーチンと日露間の交渉が始まりましたが、進捗しないまま、翌安政元（一八五四）年正月八日にロシア艦隊は一時長崎を退去いたしました。川路も十八日に長崎を出立し、長崎街道を東へ急ぎます。原田、山家を過ぎ、冷水峠の山道を飛ぶように越えて内野宿へ。木屋瀬宿では手水鉢も凍るほどの冷え込みだったと日記に記しております。翌日は黒崎で昼休

みをとり、小倉へと向かいました。翌日、下関に着いた夜に柳河藩の飛脚の噂話で、アメリカ使節ペリーが再び艦船七隻を率いて江戸湾深く投錨したことを知り、その夜は眠れなかった様子でした。国内情勢は日々緊迫し、あわただしい人の動きが堀川のまわりをかけ抜けていたのですが、まだ人々はまどろみのなかにいたのかも知れません。

安政元（一八五四）年一月二十二日に急ぎ江戸へ帰り着いた川路は、江戸の人たちが異国船に慣れたのか、いつもと変わらない様子に拍子抜けしたと、複雑な心境で日記を結んでおります。政《まつりごと》に直接関係のない庶民の、したたかさかもしれません。その年の三月三日に幕府は「日米和親条約」に調印し、下田と箱館（函館）を開港いたしました。寛永十八（一六四一）年から二一三年続いた鎖国政策は、ここに終止符を打ったのでした。これで一段落と安堵した十月、再びロシア船が下田に来港。川路は今回も応接専任としてプチャーチンと折衝し、「日露和親条約」に調印いたしました。

さらにその二年後の七月、アメリカは「日米修好通商条約」の締結を迫ります。返答に窮した幕府は、責任を転嫁するように孝明天皇の勅許を願い出たのですが、思いがけず天皇は調印に強く反対し、幕府と対立を生む結果となってしまったのでした。

朝廷の思いもかけない反発に驚いた幕府は、事態の収拾を図ろうと、四月に彦根藩主井伊直《いいなお》弼《すけ》を大老に就任させたのですが、井伊は朝廷を無視して条約に調印してしまい、逆に尊皇攘夷の気運を煽る結果となったのでした。さらに井伊は不平不満を持つ者を一掃するため、尊攘急進派の志士や公卿などを大量に逮捕して厳罰に処分してしまいます。世に言う「安政の大獄」でございます。

街道や船運が発達すると、人や物だけでなく、情報も交差しながら飛び交い、いつしか国中の人々を巻き込みながら、大きなうねりとなって国を動かして行くかのようでした。開国を迫る外国船の来航の波紋は、片田舎の堀川周辺にも迫っていたのでございます。

明治まで八年

河守神社の百年祭で賑ったその年は、井伊直弼大老が桜田門外で殺害された年でもありました。万延元（一八六〇）年三月三日、江戸城へ向かう途次、水戸藩脱藩浪士と薩摩藩士らによって殺害された井伊は、日米修好条約調印から一年九カ月、安政の大獄から一年半の後、その四十五年の生涯を閉じたのでした。

「桜田門外の変」をきっかけに、筑前の勤王派は活発な政治活動を展開し始めました。その活動は、尊皇攘夷から尊皇倒幕へと目的も変わっていき、皇室を尊ぶ尊皇論は幕府を倒す旗印となって、長州藩士の活動は次第に過激さを増し、孝明天皇は眉をひそめているとの噂でした。

そして文久三（一八六三）年八月十八日未明、孝明天皇は長州藩に対して京から退去せよと勅命を下し、宮廷の門が閉ざされました。さらに尊攘急進派の公卿に対しても参内停止、浪士も京都からの追放を実施いたします。尊攘急進派の公卿、三条実美《さんじょうさねとみ》、三条西季知《すえとも》、澤宣嘉《さわのぶよし》、東《ひがし》久世道禧《くぜみちとみ》、四条隆謌《しじょうたかうた》、錦小路頼徳《にしきのこうじよりのり》、壬生基修《みぶもとおさ》の七卿もそのとき京を追われ、中岡慎太郎や土方久元《ひじかたひさもと》といった土佐脱藩者など二六〇〇人余に護られて長州へと向かいました。世に言う「七卿落ち」でございます。

幕府は「禁門の変」の乱行を理由に長州征討を決定し、総攻撃開始も十一月十八日と決まりました。福岡藩主黒田長溥は、いまは国内で争うときではないと長州斡旋を急ぎます。この間に七卿のうちの二人を失い、残る五卿は幕府の長州攻撃を回避するための条件として、一人ずつ五藩へ引き渡し監視せよとのことでございました。

当然、長州は反対でしたが、肥後細川藩へ三条西季知、肥前鍋島藩へ四条隆謌、久留米有馬藩へ東久世道禧、薩摩島津藩へ壬生基修、そして福岡藩へ三条実美と決まり、元治二（一八六五）年正月十五日に長州を出立いたします。十七日に黒崎湊に上陸して、二月十三日に太宰府へ到着いたしました。

ところがほかの藩は禍が降りかかることを恐れて五卿に関わろうとしないため、それを機に公卿の方々と筑前の尊攘派藩士との行き来が密に始まったのでございます。

元治二年二月十三日に五卿が大宰府に着くと、福岡一藩が幕府から監視役を命じられます。さらには大宰府には薩摩藩定宿もあり、西郷隆盛や大久保利通などもかくれて顔を出し、勤皇派志士の拠点となってしまったようでした。その筑前の様子に幕府は不信を抱き、「長州のつぎは筑前」と名指しされ緊迫した空気に包まれておりました。

福岡藩内でも勤皇派と佐幕派に二分されて、激しい政権争いが起こります。長溥はもともと開明的なお殿様で、永久鎖国などできないとの考えでしたが、藩内の勤皇討幕派の過激な動きは目に余るものがあり、慶応元（一八六五）年十月二十三日に切腹・斬首二十一人を含む総勢百二十人を超える勤皇派の処分をいたします。筑前「乙丑《いっちゅう》の獄」で、明治までわずか三年を切っていたときの出来事でした。

この徹底した勤皇派の処分で福岡藩は有能な人材を失い、明治政府からは佐幕藩へのみせしめとして冷遇されるようになったのでございます。福岡藩士たちのその口惜しい思いが、その後の北九州発展の原動力となって行くのでした。

さて黒崎宿を通り、長崎でロシアのプチャーチンと日露和親条約の交渉をされた川路聖謨は、慶応三（一八六七）年三月十五日、「為すべき何の術もなく」と書き残し、独り静かに自刃されたとのことでございました。

福岡藩贋札事件

幕府の本丸であります江戸城が、慶応四年（一八六八）四月十一日に無血開城され、元号が「明治」に変わったのは九月五日のことでした。それでも政府軍と戦っていた榎本武揚《えのもとたけあき》率いる幕府軍でしたが、ついに蝦夷地（現北海道）の五稜郭で翌二年五月十八日に降伏して戊辰《ぼしん》戦争は終結し、明治新政府による新時代の幕が上がったのでございます。

しかし、元号が明治に変わったからと言って、即刻世のなかが切り換わるとは誰も信じてはおらず、むしろ信長、秀吉、家康と戦によってトップが代ったように、明治も長く続かず必ず巻き返しの戦が始まるだろうと、福岡藩主黒田長溥が考えたのも無理からぬ話でした。長溥は来るべき戦に備えて国境や領内の要所に、国守在住（国端在住）として中老クラスの藩士をひそかに移住させ、防備を固めておりました。

明治二（一八六九）年六月、長溥は引退して、養子である長知が十二代藩主となり福岡藩知藩事に任命されます。

筑前東部の用水と輸送の要であります遠賀川と堀川の護りとして、権大参事小河愛四郎《おごうあいしろう》が中間村門前の屋敷に移ってきましたのは、明治三年正月二十六日のことでございました。小河愛四郎と親交のあった惣社宮社司伊藤道保（花守）の日記を読むと、伊佐座（現水巻町）で踊りの興行を一家揃って見物したり、惣社宮を参拝したりと、家族で地元と交わり田舎住まいを楽しんでいる様子が記されております。また三月二日には大参事立花増美、郡令西島劣らが若松からの帰りに中間村に立ち寄り、小河宅に宿泊した様子なども記してありました。

その年の七月、堀川筋に衝撃の噂が駆け抜けておりました。中間唐戸の小河愛四郎が福岡藩贋札事件の首謀者として、取り調べのため呼び出しがあったというのです。なんでも日田県知事の松方正義が前々から内偵を続けて政府に内報し、福岡藩の贋札製造が発覚したとのこと。二十日に突如弾正台（現検察庁）が福岡城内の贋造場である屋敷跡に乗り込んで、関係した藩の官吏から職工まで一人残らず、捕縛したとのことでした。

全国的に幕末期の諸藩の台所は火の車で、福岡藩も長崎御番や征長出兵、また五卿の大宰府移送や監視守護の負担、さらには奥羽出兵や北海道の分領地支配などなど、すべて費用は藩負担で、その苦境に追い打ちをかけたのが明治二年の凶作でした。明治までは各藩ごとに藩札を発行して急場をしのぐのが慣例だったのです。薩摩や土佐、佐賀、広島なども発行しており、罪の意識より藩の窮状を乗りきりたい一心だったのでしょう。

明治政府は全国一律の太政官札《だじょうかんさつ》を発行して藩札の通用を禁止したのですが、それでも贋札が氾濫するのに手を焼いて内偵を続けておりました。その標的にされたのが、佐幕藩の福岡藩だったのです。

七月二十八日に小河愛四郎ほか三十余人が、網乗物《あみのりもの》（士分以上の重罪人を護送するのに用いた籠）で黒崎宿に着いたという情報が入ります。中間村の庄屋たちは、あの誠実で気さくな小河様が贋札作りの犯人であろう筈がないと、その無事を祈るため惣社宮に断食の願立てをして参籠するのが精一杯で、なす術もなくただ胸を痛めていたのでした。

翌四年三月二十九日に贋札事件の処分が決まります。大参事立花増美、権大参事小河愛四郎、司計大参事矢野安雄、少参事徳永織人《とくながおりと》、司計局判事三隅伝八の五人は、東京大伝馬町牢屋において斬首。ほかに流刑、懲役、罰金刑などその数九十二人におよび、藩知事長知は罷免という厳しい判決でした。佐幕藩へのみせしめのためであると、噂が流れておりました。小河は「責任はすべて私一人にある。ほかの者は関係ありませんのでお許し下さい」と強く訴えて罪をひとりで背負おうとしたと聞いて、村人は涙を流したと申します。贋札処分は廃藩置県のわずか十二日前で、直前に罷免された長知に代って藩知事に就任した有《あり》栖《す》川《がわ》宮《のみや》熾仁《たるひと》親王が、そのまま初代福岡県知事となりました。

一方、藩知事を解任された失意の長知を見て、長溥は新政府の岩倉使節団に随行して外国へ遊学させようと決意いたします。さらに長溥は幕末の勤皇派処分（乙丑の獄）や贋札事件で藩の有能な人材を失ったことを悔い、新しい日本を担う若者を育てなければと決意して、十九歳の金子堅太郎と十四歳の団琢磨を長知に同行させたのでございます。金子はハーバード大学に入り法律、憲法、国際法を専攻して、帰国後内務省に入り大日本帝国憲法の草案を作る一人に加えられるなど、伊藤博文首相を援《たす》けます。のちに政府長官となった金子は、福岡県遠賀郡に製鉄所を誘致するために力を注いでおります。いま一人の団琢磨はマサチューセッツ工科大学で鉱山学を学び、三井三池の鉱山部長として炭坑経営に関わり、三井財閥の統率者として財政界で活躍するなど、日本の産業近代化に貢献いたします。

日本の近代化と石炭

隆盛する石炭業

　明治政府は近代日本へ変革するために、それまでの日本を全否定するかのように、次つぎと新政策を打ち出して改革を急ぎ、なかでも産業近代化の要となる石炭に重点を置いておりました。それによって治水と灌漑を主とした堀川が、輸送用として一躍表舞台へと活躍の場が広がって行きました。それは沿岸地域を発展させただけでなく、日本の産業近代化を牽引する宝川となっていくのでございます。

　明治二（一八六九）年二月のこと、「鉱山開拓の儀はその地居住の者共、故障無之候ヾ、その支配の府県藩へ願の上採出不苦候、府県藩に於ても奮習に不泥速《なづまず》に差免し可申事」（明治二年二月二十日付布達）と、いわゆる「鉱山解放令」が出され、それまで藩が管理販売していた石炭仕組法は廃止され、誰でも自由に石炭を掘ることができるようになったのでございます。

　明治の初め頃といえば、堀川沿いの唐戸周辺や井堰の近くに数軒家があるだけで、あとは農地ばかりです。何しろ遠賀川や堀川などの川沿いのあちこちを少し掘れば、石炭を容易に手に入れることができました。度重なる飢饉で田畑を流されたり手放したりした農民は、川艜の船頭になるか、石炭を掘るほかに生活の術がなかったのです。農民ばかりではありません。一攫千金を夢見てやってくる山師や、肌に刺青をした粗暴な男たち。そして他国から逃げるようにやってきた理由《わけ》ありの男女など、さまざまな人たちが我もわれもと遠賀川を目ざしてやって来ました。

しかし炭坑とは名ばかりで、まだ排水の技術もなく、石炭の露頭を追って三、四人で掘るだけという露天掘りか狸掘りです。水が出ればつぎへ移って行き、その跡を他村から入ってきた鉱山師や資金のある者が買収し、また転売を繰り返しておりました。と言いましても、掘った石炭を勝手に売っていたわけではなく、坑口には検炭する者がおり質と量で値段がつけられます。それをもっこや牛馬で堀川まで運び、川艜に移して若松の焚石会所まで運んでおりました。

明治五年四月に福岡県は川艜庄屋を廃し、貢米船と焚石船の区別もなくし、通船料さえ納めれば、荷に関係なく運航できるようになります。さらに九月には若松と芦屋にあった焚石会所も廃止され自由販売になると、たちまち乱掘乱売の無法地帯の様相を呈していきます。石炭はよく売れました。製塩、船、漁業などに需要も広がり、若松や芦屋の洲口に集ってくる焚石買船は日に日に数を増し、採掘が追いつかないほどでございました。

石炭業に手を染めるのは庄屋や農民、山師や流れ者ばかりではありません。廃藩置県で禄を失った元福岡藩士のなかにも、いち早く石炭に目をつける者も出て来ました。

さて歯止めを失った石炭業は、小坑が乱立して乱掘乱売のあげく、業者間の争いは絶えず、財を失う者、土地を手放す者、命を絶つ者など修羅場と化す深刻な事態を生み出しておりました。その有様を見かねた政府は明治六年に「日本坑法」を作り、鉱山採掘権は政府の所有とし、開坑するには借区《しやくく》の手続きが必要となりました。若松と芦屋に石炭役所が置かれ、採炭や売炭の監督などを県が行うようになったのです。

翌六年二月に起こった台湾原住民による琉球漂流民殺害事件をきっかけに征台《せいたい》の役が起こりますと、石炭の需要は一段と高まり、次いで十年には西南の役が起こり、石炭は戦の度に需要を伸ばし坑数も拡大していきました。鉱山解放令が出された明治二（一八六九）年に筑前に一六〇坑だった狸掘りが、十年後（一八七九～八〇）には六〇〇坑を数えるまでになっておりました。ひとかどの石炭師や鉱山主になることが、当時の若者の憧れでありました。

一方、困ったのは農民たちで、坑夫たちが勝手に山の木を切ったり田畑を踏み荒らしたり、野菜や果物を盗みます。それだけではございません。部落に侵入して村の娘に乱暴するなど、横暴の限りをつくします。村人たちは自衛組を作ったり、炭坑になんども申し入れをしますが、無法者に泣かされておりました。

借区を一万坪以上に限ると「日本坑法」に但書が追加されたのは明治十五年のことで、それによって乱立していた小規模坑の淘汰が行われ、資金力のある大規模炭坑へと移っていきます。坑内労働者を確保するため、飯場ができたのもそのころでした。頭領や納屋頭が生まれ、勢力を競う組織が作られていきました。後年、筑豊御三家と呼ばれる貝島太助・麻生太吉・安川敬一郎が頭角を現してまいります。そして坑業者の秩序と統一と発展を図るため、明治十八年十一月に筑豊五郡の坑業者による「筑前国豊前国石炭坑業組合」が結成されました。

ところが石炭業の隆盛を阻害するように、海軍省は筑豊の重要炭田を予備炭田に指定し、三十八カ村の鉱区を封鎖してしまいます。県知事をはじめ結成したばかりの坑業組合は、民間の活力を杜絶するのか、われわれの死活問題であると、一丸となって猛反発し反対運動を展開しました。そのとき伊藤博文首相は、ひそかに筑豊炭田の調査を金子堅太郎に命じます。金子は同郷の旧福岡藩士である奮友・平岡浩太郎に実地調査を依頼し、それを元に首相に進言いたしました。その功もあってか、明治二十一年に一部を除いた全炭田が指定解除され、地元関係者は胸をなで下ろしたのでした。

ところがそれを機に三井、三菱、住友、古川など大手中央資本が争って石炭事業に乗り出してまいります。筑豊が弱肉強食の戦国時代の様相に変わって行くきっかけとなったのでございます。

明治新政府への鬱積

一方民衆は、明治になればこれまでより暮らしはよくなると、誰もが新政府に期待して応援しておりました。ところが新政府は民衆への説明はおざなりにして、西洋の新しい制度を情け容赦なく次つぎと発令いたします。明治三年九月に平民にも苗字の使用が許されると、翌年四月には戸籍法が制定され、それによって人口構成を把握できた政府は、同六年一月に「徴兵令」を布告します。二十歳から三十歳までの二男三男と、弟で妻子のいないものは登録して兵隊になって国を護れ、と義務づけたのでございます。

それまでは藩士が担っていた兵役の義務が、教育、納税と共に国民の三大義務だと決められ、人々は驚くばかりでした。まして農民にとって、働き盛りの男子を国に取られることは死活問題であり、さらには、徴兵告諭の中にある「血税」という文言を、実際に血を取られることと誤解し、血税一揆が相次いで起こりました。追い打ちをかけるように「地租改正条例」が公布され、これまで米や大豆などの現物で納めていた年貢が金納に統一され、それも地価の三パーセントと決められたのです。いまでも驚きますのは、一二〇〇年以上使われてきた「太陰暦」が、西洋とおなじ「太陽暦」に一夜で変えられたことでございます。突然、明治五年十二月三日は翌六年の一月一日である、と言われて、混乱が起きないほうが不思議でございましょう。

この明治四、五年の間に世のなかの仕組みが目まぐるしく変わり、なにごとも「国民の義務」であると強制されるのですが、人々はその内容もよく理解できず、戸惑い、恐れ、拒絶し、対応できずに不満を募らせておりました。そのうち、昔の方がよかったと政府を非難するようになってまいります。人々のやりきれない不安と不満はうっ積され、一揆へと爆発するのも無理からぬことでございました。

突如、堀川端を多勢の一揆衆が駆け上って行ったのは、嘉麻地方で起こった一揆も終息して安堵していた明治六年六月二十五日の夜中のことでした。遠賀川東岸の十三カ村の農民が手に手に熊手やツルハシや竹槍を持って、ぞくぞくと陣原に集まっておりました。翌朝、本城村の戸長宅のほか六軒を打ち壊して焼き払い、副戸長宅も打ち壊した一揆衆はそのときすでに三千人を超えており、次いで島郷一円の役員宅を打ち壊して略奪すると、再び堀川端に進路を変えて吉田から岩瀬へとつき進んでまいります。朝一番に掘川を下る川艜の船頭も棹の手を止めて、何事が起こったのかと土手を見上げておりました。

すでに情報が伝わっていたのか岩瀬の戸長伊藤家は、重要家財などを裏の竹やぶに隠し、接待の炊き出しを準備していたために難を逃れました。岩瀬で腹ごしらえを済ませた一揆衆は、中間村本町の戸長仰木宅に向かいます。仰木家は郡内屈指の大家で、その構えは雄大豪壮なもので、「六十坪の居宅を中心に、別宅、二棟の土蔵、雪隠湯殿三棟の外、付属の建物を合わせると九棟が棟をつらね、それを頑丈な土塀を巡らした四つの門でがっしり固め、村の一角に巨然とそびえ立ってる偉容は、あたかも小藩領主の御殿を思わせるものがあった」（紫村一重『筑前竹槍一揆』葦書房）と記されるその立派さに、一揆衆も一瞬たじろいでおりましたが、打ち壊し始めると四時間で無残な廃墟と化したのでございます。

それに勢いづいた一揆衆は堀川を逆上って中間唐戸に向かい、中間村副戸長の伊藤陶索宅を打ち壊すと、さらに遠賀川を渡って垣生村の戸長宅へ向かいます。事態を察知していた戸長は、これまた昼飯の炊き出しで接待し難を逃れたのでございます。勢いにのった一揆衆は虫生津

（現遠賀町）の戸長と副戸長宅を打ち壊し、次いで中底井野村の戸長宅も壊し、下底井野村では富豪有吉与七、又蔵、三郎方の居宅や蔵を打ち壊して焼き払ったのでした。すでに一揆衆は鞍手北部勢と合流し、勢力は三万を超えていたと申します。

二十六日の夜、老良《おいら》の川浜に集結して芦屋に向かって進んでいたとき、突然二〇〇人余りの士族隊が行く手を塞ぎ、抱え筒の大砲で一揆衆に向けて空砲を放ちました。驚いた一揆衆は蜘蛛の子を散らすように逃げ去って行き、二日にわたる農民一揆は終息いたしましました

そもそもの発端となったのは、日照りが続いて田植えもできない農民の苛立ちが引き金となって、嘉麻地方で発生した農民一揆でしたが、筑前国十五郡にまたたく間に広がり、国内最大といわれた大騒動となったのでした。殺害された官員・士族は九人、自殺者七人。一揆側は死者二十八人、重傷者十八人、軽傷者二十四人、家屋の破損二二四三件、家屋の焼失二二四七件、損傷した電柱一八一本。処分者は斬罪・紋罪・懲役・杖・笞刑・罰金など総計六万三九四四人となっております。被害のなかで電柱の多さを意外と思われるでしょうが、当時の人々は理解できない文明にたいし、何か異変が起きると電信柱のせいと結びつけていたようでございます。

さて大きな代償を払った一揆でしたが、得たこともありました。三パーセントと決まっていた地租を、二・五パーセントに下げさせたのです。巷では「竹槍でどんと突き出す二分五厘」と狂歌にもなり、民衆は少しだけ溜飲を下げたのでした。

ちなみにこの一揆は「筑前竹槍一揆」と語り継がれているのでございます。

安川家の兄弟

北九州地区の近代化を振り返りますと、元福岡藩士の果した役割の大きさを改めて気づかされます。明治新政府の改革最大の目的は、旧来の藩単位で行われていた政《まつりごと》を、中央一カ所に集めて全国の統一を図ることでした。その大英断が明治四年七月十四日に断行されました「廃藩置県」で、藩は県に変わり中央集権政府の第一歩を踏み出したのです。藩がなくなるということは藩士はすべて失業するということで、家禄と引き換えのわずかな金禄公債の利子収入だけでは生活維持は難しく、多くの藩士は途方にくれておりました。

それでもまだ、各地で農民一揆や旧士族の反乱などの事件が起こりますと、臨時にせよ声がかかり藩兵としての役割を果たしていたのです。ところが明治六（一八七三）年に「徴兵令」が布告され、国民から兵を募って育成する制度に変わると、旧藩士の出番はまったくなくなり、さらには同九年に「廃刀令」が出されて武士の誇りである刀までも奪われ、裸同然で放り出された失業者となりました。わずかに県庁官吏や郡長・区長等地方職に就いた藩士以外は、まず食うために仕事を探さなければなりません。政府の士族授産制度を利用して工場を興したり、炭坑経営にのり出す者、また県外へ開拓移住を決心する者、果ては土方・人足までそれぞれのきびしい道を歩くことになったのでございます。

幕末に大量の勤皇派を処分し佐幕藩として維新に乗り遅れた福岡藩は、新政府から佐幕派家老三名の切腹を命じられたうえ、贋札事件では主要中堅の人材を失い、廃藩置県を待たずして藩主は追放されるという屈辱を味わっておりました。元藩主長知だけでなく藩士の末端に至るまで、その無念を嚙み締めていたのでした。しかしそれは逆に旧藩士の結束を固くし、この筑前国を他藩に負けないように発展させようと、手を取り合って突き進んでゆくことになります。武士の意地でございました。

その一人が安川敬一郎です。嘉永二（一八四九）年四月十七日、三十石取りの徳永貞七（省易）の四男に生まれ、織人、潜《ひそむ》、徳《めぐむ》と三人の兄がおりました。元治元（一八六四）年、十六歳のとき安川岡右衛門の養子となって、二年後に安川の四女峰と結婚いたします。当時は長男以外は養子に行くか、浪人になるかの時代です。潜は松本家へ、徳は幾島家へとそれぞれ養子となっておりました。

ところが本家を継いだ長兄の織人は明治四年、福岡藩贋札事件の責を負って斬首されます。松本家に養子にいった次兄潜は、福岡藩の石炭専売の仕組を作った松本平内が義理の祖父ということもあって、石炭のことによく通じておりました。明治になって嘉麻・穂波の郡長に就いていた潜は、石炭採掘が自由化されると穂波の相田坑（のちの高雄炭坑）を手に入れ、三兄の徳も鞍手の東谷炭坑を手に入れ、炭坑経営を始めておりました。その矢先の明治七年二月に佐賀の乱が起こり、徳は官軍小隊長として従軍中に戦死いたします。

そのとき安川敬一郎は明治二年から藩命によって京都に遊学したのち、五年に慶応義塾に入学して勉学に励んでおりました。ところが三兄徳の戦死の報せを受け、急ぎ学問を断念して福岡へ戻り、東谷炭坑の経営を引き継ぐことになったのでございます。

石炭が自由採掘、自由販売になってから乱掘乱売はいっそう激しくなり、小さな炭坑の共倒れが続出しておりました。その混乱を見かねた県は、明治八年に問屋業に関する法規を発布いたします。それにいち早く反応したのが松本潜で、売り手と買い手の仲介をする石炭販売店「松本商店」を芦屋に開業いたします。石炭問屋の誕生です。二年後の十一年には敬一郎も芦屋に移り「松本・安川商店」となって、生産、輸送、販売を綜合的に展開させていきます。

「筑豊御三家」の１人、安川敬一郎（1849－1934）

「松本・安川商店」の事務所として使っていたのは、明治四年に廃止されるまで焚石会所が置かれていた建物で、潜と松本左内との関係を知る人たちは商店を「会所」といい、松本・安川を「会所の殿」と呼んでおりました。

明治十四年に郡制が施行され芦屋に郡役所が設けられますと、芦屋は政治・経済・交通の要衝となり、「松本・安川商店」もともに発展していくのでございます。敬一郎は、明治十三（一八八〇）年には高雄・

伊規須坑、同二十二（一八八九）年に赤池坑と経営を拡大して、押しも押されもせぬ経営者となっておりました。

急速な発展

川艜船頭

石炭の需要が増えて、それを運ぶ川艜の数も増えていきますと、当然船頭も揃えなければ運べません。と言っても一人で帆柱を立て、帆網を巻き、棹も取れるようになる「一艘走り」になるには六、七年は年期が必要で、とくに川幅が狭い堀川は船頭の腕が頼りでございます。上りと下りの川艜がぶつからないように、川の壁面を船べりでこすらないように、船頭の棹さばき一つにかかっておりました。ことに車返は川幅が六・四メートルと狭いうえに両岸は岩壁で、たとえば二・七メートル幅の船が離合するには一瞬の油断も命取りとなります。よく見ていただくと両壁に棹穴が無数にあり、棹先を突っ込んで船の操作をした難所の名残でございます。

ちなみに明治十三（一八八〇）年に堀川を通った川艜は年間十三万六五三艘で、一日およそ三五七艘と最盛期を迎えるわけですが、離合も追い越しもできず川艜はまるで数珠つなぎのように並んで、川面が見えないほどでございました。大潮のときは川の流れも速く、朝一番に木屋瀬を発つとその日のうちに若松に着くこともあれば、田植えどきなどは用水優先で井堰が止められ、一週間かかることもありました。水門は幅三メートルで川艜一艘がやっとの広さですから、そのため一艘でも早い番になろうと、先を争って水門に殺到するので、先陣争いが絶えず、血の雨を降らすこともあったようでした。

堀川には寿命と惣社山の二カ所の水門と、車屋、山ノ鼻、矢戸口滑ヶ堰の三カ所の井手堰がありますが、それぞれに唐戸番・井手番を置いて、石炭船の通行料を取ったり、積荷検査をしたり、井手の開閉権を持っておりました。井手番のなかには、短気な船頭に一歩も引かない強者《つわもの》もいたようです。「まんじゅうがさに尻はしょりのいでたちで、ひしゃくに通行料を受取る」(『八幡市史』)寿命唐戸番の小林藤次郎や、「夏は裸で毛糸の胴巻きをつけていた」山ノ鼻井堰番のお楽さんなど、威勢のいい船頭との丁々発止《ちょうちょうはっし》のやりとりは、堀川の名物になっておりました。

先を急ぐ船頭たちは苛立って船同士で口争いが始まり、なかには埒が明かないと、船を降りて日本刀を振りかざしながら堀川の土手を走る姿を何度も目にいたしました。何しろ一回運んでいくらの仕事でございます。苛立つ気持ちもわかる気がいたします。

川艜と一口に言いましても、炭坑直轄の直轄船(社船)と、炭坑と運炭契約を結んだ定約船のほかに、フリーの散船と呼ばれる船がありました。通常川艜は一艘だけで運ぶのではなく、四艘から六艘くらいで組をつくり、そのなかのひとりが親方となって、その名前から○○組と呼ばれておりました。あとの人たちは舟子といって、親方は仕事や賃料はもちろん舟子の生活の面倒もよくみていたようでございます。組単位で炭坑と契約して、その炭坑の積込場《つんば》に運ばれてきた石炭を俵やスコップで川艜に積み込みます。一艘で平均六トンから一万トンの石炭を若松まで運んでおりました。

鉄道が開通されてから若松港には「ごんぞう」と呼ばれる石炭仲仕が生まれ、貨車から降ろされて岸壁に山積みされた石炭を彼らが艀（のちの機帆船）で大きな船に移します。「ごんぞう」も力仕事ですが、きれいで早いが身上で、気の荒い人が多く、船頭と何かにつけて張り合っておりました。「船頭とごんぞうがケンカして、人間が止めにはいった」などという笑い話が残っております。人間扱いされていない船頭ですが、民衆にとっては憧れの職業でありました。米一俵三円の時代、一往復すると三円から七円になって、月四～五回運ぶと暮らしもそりゃあ豪勢なものでした。

亭主持つなら川舟船頭　一度下れば繻子の帯　（堀川船頭唄）

金まわりのいい船頭は赤ふんどしの上に赤べこ（腰巻）をつけておりましたが、その女房も赤腰巻姿で村の娘たちの憧れでございました。明治初年から二十二年の長津村と底井野村だけを見ても、全世帯数一一七六戸で人口六二五〇人のうち一〇八二人が、川舟業者で生計を立てていたという記録も残っております（夏秋茂『堀川開鑿史とその余談』朝日屋書店）。

一回の運送が一日で終わることはまれで、要する日数の間、船頭は船のなかで寝起きをしなければなりません。そのため組のなかの一艘は世帯船といって、船の中央に屋根つきの畳敷きの間が作ってございます。船出するときには米一俵と漬物などを積みこみ、その船には七輪や鍋釜、お櫃《ひつ》などの世帯道具や船箪笥、船金庫などもあって、舟子の生活を賄っておりました。潮待ちのとき、その船で朝晩ご飯を炊き、組の者が寄ってきて食べるのです。船の腹でブクブク泡を吹いてご飯を炊くので、「ガニ（蟹）舟」と呼ばれておりました。食事時間は世間話をしたり休憩したり、舟子にとって楽しいひとときのようでした。夕暮れどきなど川岸から堀川を見ると、あちこちの船でご飯を炊く七輪の火が赤く灯り、まるで蛍火のようにきれいで風情がございました。

港に着いた石炭を船へ積み込む「ごんぞう」たち
（中間市教育委員会提供）

そのころの堀川は川底が透けて見えるほど澄んでいて、朝早く川の水が濁らないうちに水を汲み、お茶を沸かしたり、米や野菜も洗ってご飯を炊いておりました。フナやナマズやエビやシジミ、ウナギもたくさん泳いでいて、その場で捕って調理して食べておりました。

堀川の通船数が多くなり、唐戸や井堰で水待ちの船頭や土手を通る旅人を相手に、田畑のなかにポッポッと店ができてまいります。中間唐戸水門から車屋の井堰にかけて旅籠、小料理屋や一杯飲み屋、酒屋に米屋、質屋に饅頭屋などで賑わい始めておりました。大膳橋の付近にも飲食店に床屋、豆腐屋、鍛冶屋に雑貨屋、もちろん呑んで泊れる遊郭はどこにでもございました。食事どきなど世帯船から川岸の店に酒を注文してカゴでやり取りしたり、店の若い娘をからかったり、待ち時間に料理屋に上がって酒を呑み、博打をする船頭もおりました。遊郭からは馴染みの女性に「帰りには待ってるから」と声をかけられ、疲れも吹き飛んで仕事に精を出しているようでした。石炭を沖で待つ仲買船に横付けして無事に下ろすと一仕事の終わりで、船頭は金を手にするとすぐに風呂に行くのですが、籠いっぱい石炭を持って行けば無料で入れてくれました。

若松港に着いても取引がうまくいかないときや仲買船を待つ間は、「日待ち」といって何日も船の中で過ごすわけですが、そんな船を相手に「沖売り」という水や酒、肴やすし、生ものから野菜、日用品まで売りに来る船もあって、みんなでどこか助け合うように暮らしていたように思います。

明治半ばから石炭で一番栄えたのは若松の港町で、芦屋に代わって発展をいたしました。港には船頭やごんぞう相手の遊郭が三軒もありまして、いつもは夏はふんどし一本、冬はどんざを着た船頭ですが、ひと風呂浴びると用意していた着物に着替えて、人力車に乗って遊郭に繰り込むのが楽しみでございました。宵の口から朝まで飲んでも一円、木屋瀬から若松まで運んで三円から最高七円くらい。米一俵の値段が三円、小学校教員の初任給が五円。船頭は月三〜四回往復しますので、かなりの収入になりました。宵越しの金は持たねぇ、などと意気がって、使いっぷりも豪勢なものでした。その楽しみが待っているからこそ、一回でも多く一日でも早く若松港へと気持ちが逸り、唐戸や潮待ちの順番を巡って争いが起こるのでしょう。

明治時代の折尾・長崎付近の様子
（中間市教育委員会提供）

と言いましても、花街や博打で一文無しになり坑主に前借りしなければ年を越せないという船頭も多いなか、遊びを控えて小金を貯め、炭坑を手に入れる船頭もおりました。のちに筑豊御三家と呼ばれた貝島炭坑の貝島太助や、大正鉱業の伊藤傳右衛門も若き日は、川艜の船頭だったのでございます。

さて石炭を降ろした艜の上り荷は頼まれ物の、レンガや材木、砂糖、果物、塩醤油、酒、魚、塩鯨、野菜に下駄などなど、買い求めて積んで帰ります。それもいくらかの手間賃を頂けるので、アルバイトみたいなものでございましょうか。川艜の全盛時代は日清から日露の戦争特需で、経済も産業もさらに駆け上っていった時代だった気がいたします。

忘れてならないのは、石炭の需要が増えれば船の数も増やさなければ追いつかないということです。船大工が申しますには、川艜の材料は主に杉で、近くの山から切り出してひとりで作っているとのこと。一艘作り上げるにはおよそ六十日、二カ月はかかるといいます。

船は石炭だけでなく年貢米専用や砂やレンガ専用に分かれており、石炭船の寿命は十年位だそうです。それは直接石炭を投げ込んだり、スコップで掬い上げたりするため、一寸二分（三・六センチ）あった底板が四分（一・二センチ）から六分（一・八センチ）と半分くらいに擦り減ってしまい使えなくなるからです。役割を終えた川艜は家壁の修理や塀などに有効利用されており、どこかの家の壁に底板が打ちつけられた姿は懐かしい川筋の風物でもありました。

築港と石野寛平

明治二年の「鉱山解放令」によって石炭は、願書を出せば誰でも自由に採掘できるようになり、さらに同五年に「焚石会所」も廃止されますと、販売の制約からも解き放たれて、われもわれもと採炭が始められるようになります。十年後にはなんと六〇〇坑を超えておりました。と言いましても、統一された経営秩序はなく、なかには悪質な石炭商と結託して闇販売が横行するなど、石炭業界は乱掘乱売の無法地帯となっていたのでした。

その有様を見かねた県は明治十七（一八八四）年に石炭鉱業人組合準則を設け、それまで郡毎に作っていた組合を一つにまとめて、翌十八年に「筑前国豊前国石炭坑業組合」を県主導で結成し、事務所を直方に置きました。注目していただきたいのは、このとき初めて五郡の総称として、筑前の筑と豊前の豊をとって「筑豊」という言葉が生まれたのでございます。

坑業組合の初代総長として迎えられましたのは、嘉永元（一八四八）年に長崎市に生まれた三十七歳の石野寛平でした。石野は福岡県庁勧業課の職員で、組合設立に向けて努力した担当者です。石野は再三これを固辞されたそうですが、明治十五、十六、十七年と鉱山業に関する行政事務を担当し、その関係で筑豊の巡視もしており、状況にくわしく適任でありました。

結成された坑業組合は、総長以下幹事が各郡組合の組長四名と、坑主委員が一つの郡から二名の十五名で構成されました。遠賀郡からは安川敬一郎と松本健次郎（潜の子）が坑主委員に選ばれております。時を同じくして「石炭商組合準則」が県令として公布され、明治八年に芦屋の松本潜などによって作られていた「石炭問屋組合」は、明治十八年八月九日に「若松港同盟石炭問屋組合」と改称して新たに発足いたします。芦屋にあった「松本・安川商店」が若松に移ってきたのは、十九年のことでした。

「筑豊石炭坑業組合」は明治十九年一月に若松に取締所と石炭一括販売所を設けます。組合の目的は利益の増進と石炭運搬の便法を図り弊害を除去することが第一ですが、何より急がれますのは、港湾の整備と舟入り場の設置でした。舟入り場の数が、堀川や江川から絶え間なく運ばれてくる川艜の急激な増加に追いつかず、船は入れずに外に留めたままとなり、波の荒い響灘の風浪被害にあって、船頭は泣かされておりました。若松だけでなく、陣原や黒崎にも舟入り場を増築する必要に迫られていたのでございます。さらに災害が起こったときの避難所など、港の整備は坑業組合にとって緊急の課題でありました。同じ十九年には坑業組合と対抗するように、川艜船頭による「筑豊艜船《たいせん》組合」も結成されました。

　一方、炭坑の最大の課題であった坑内排水の問題も、機械化に成功して出炭量が大幅に増加し、川艜による筑豊からの若松着炭量は三〇万トンに達しておりました。川艜数も明治五、六年ごろ八三九艘だったのが、十九年には二九七〇艘、二十一年には四六〇〇艘に増えましたが、まだまだ出炭量に追いつかず、坑主たちは需要に応えられないのがもどかしく、歯噛みをしておりました。

　堀川を通る明治三十一年の年間通船数は一二万五八三二艘で、一日平均三四五艘が上下する川艜で水面が見えないほど混雑しておりました。わずか一二キロメートルの堀川ですが、筑豊の石炭と若松港を結ぶ大動脈として、三十三年には通船数も一三万六五七艘と最盛期を迎えておりました。

若松築港

石炭の需要は、製塩・製紙・漁業・汽船・瓦など多方面へ広がり、上流の炭坑から運び込まれる量は急増しているのに、若松港は受け入れに堪えられず、破綻寸前の悲鳴を上げておりました。

もともと洞ノ海は浅瀬で、しかも七つもの小島が点在する狭い入江でした。そこへ皿倉山系の山々から流れ込む何本もの川は土砂を運び、さらに二月八月のころは響灘から吹きつける風浪や、潮流が大量の泥砂を運び込むため、油断するとすぐに土砂が積もって浅くなり、出入りの船は難儀しておりました。

若松港の水深は二メートルほどで、潮が引くと船は立往生しておりました。せめて水深四・五メートル（十五尺）の港を造らなければ、いま以上の発展は望めないだろう、と切羽詰まって立ち上がった人たちがおりました。和田源吉ら地元の石炭商人です。ところが築港には莫大な費用が必要で、計画は思うように進みません。そんなとき若松に、筑豊石炭坑業組合が事務所を置き、業務を開始したのでした。和田源吉らは初代総長に就いたばかりの石野寛平を訪ね、坑業組合が協力してくれるよう相談をいたします。

話を聞いた石野寛平は若松港の重要性に着目し、役員会に経費協力を提案いたします。ところが反対に石野は非難されて、取り付く島もありません。それでも石野は、石炭商人だけでなく坑業組合にとっても川艜業者にとっても、築港は待ったなしで解決しなければ先へ進めない緊急の問題であると確信をもち、安川敬一郎と平岡浩太郎に相談したのでございます。平岡浩太郎は玄洋社の初代社長で、赤池炭鉱の経営ののち政治家となり、福岡の経済発展に貢献した人物です。

意を決した石野寛平は総長を辞任し、和田源吉、和田喜三郎、山本周太郎、森滋ら同志三十余名と港湾の改良を目的とした浚疏《しゅんそ》会社を、明治二十一（一八八八）年に設立いたしました。ひとり三十五円を出し合った資本金六〇〇〇円弱の株式会社で、まずは沿岸と水底の測量を開始します。石野は先見性と計画的才能そして行動力を持っており、資金の胸算用もありました。それは海底を浚渫して出た土砂を湾内の埋め立てに使用し、その土地を売れば一石二鳥との計画でした。明治二十一年十一月十一日に県知事宛に「筑前国遠賀郡若松築港願」を提出いたします。一方門司港は、明治二十二年に石炭などの積出港として「特別輸出入港」に指定され、港湾の整備が進み、海運会社や銀行などの支店開設が相次ぎ、発展の一途を辿っておりました。

翌二十三年五月二十三日、県知事の許可がおり、やっと開業にたどり着いたのですが、当初石野が考えていた築港会社の目的である港口浚渫と整備以前に、県はまず一三キロメートル余（七六〇〇間）の防波堤を築設しなければ、浚渫の許可は無効だと注文をつけてきたのでございます。

石野たちは困惑しておりました。といっていまさら築港計画を止めることもできず、思い切って資本金を六十万円に引き上げて再度株式募集をいたします。しかし悪いことにちょうど石炭業界は不況で募集に応ずる者はなく、それどころか会社の先行きを不安と見て、持株を放棄したり退社する者がぞくぞくと出て、とうとう解散寸前の危機に陥ってしまったのでした。さらに追い打ちをかけたのが、築港の収入源と石野が計算していた海面埋立地の払下げが不許可となり、まさに八方塞がりとなってしまったのでございます。

会社の苦境を見ていた県も周囲の人たちも、石野の計画は甘いし成功しないから諦めた方がいいと、非難の声ばかりを浴びせます。しかしそんななかでも発起人の和田源吉らは黙って石野に協力し、支えてくれるのでした。さらに安川敬一郎や平岡浩太郎の世話で坑業組合から一万円の補助を受けるなどあって、どうにか防波堤工事を続けることができたのでした。明治二十四年になると石炭業界の景気も少しずつ回復してきましたが、築港会社の株はなかなか満数に至りません。

思い余った石野が今後のことなど平岡に相談したところ、三菱会社社長の岩崎彌之助を紹介されます。岩崎は明治十九年の九州鉄道会社創立にも力添えしておりました。石野はさっそく上京して岩崎を訪ね、ことの次第を話して賛同を得ると、紹介された渋沢栄一や荘田平五郎とも会見を重ね、二人を相談役として迎える約束を取りつけます。さらに旧藩主黒田家を訪ね、地方開発事業として多額の出資の協力を得るなどして、ようやく「若松築港会社」が成立したのでございます。石野は初代社長に就任して、明治二十六年には株式会社となり会社は飛躍的に成長いたしました。しかし、その株の半数以上は三菱をはじめ中央資本が占めておりました。

明治二十七年に水深三～四メートル、同二十九年に六メートルまで達成できた二月に石野寛平は社長を辞任し、三菱系より高橋進が就任しました。しかしその数カ月後、製鉄所誘致の話が浮上すると急遽安川敬一郎が社長を交替いたします。

港内で五〇〇〇トン級の船の荷役ができるようになったのは明治三十二年七月で、同三十七年四月十日には若松港の区域が法律的に定められ、門司港に遅れること十年で「特別輸出入港」として指定されました。かつて石野が「当港をして二〇尺（六メートル）以上の水深を保たしめれば沿岸の地域は濶大、かつ石炭は豊富だから、水利に恵まれて将来は輸出入港としてだけでなく、進んで貿易または開港場として見るべきものがあろう」（『七十年史』若松築港株式会社）と夢見た東洋の貿易港に指定され実現したのでした。大正時代末には八〇〇〇トンから一万トン級の国際汽船も可能となりました。

堀川の開通によって、わずか十六軒の一漁村だった若松浦は、明治初期に三〇〇戸弱の村となり、明治二十四年には八一三戸二九三四人となって町に、さらに大正三年四月には若松市となりました。「ヨソモンでつくられたこの『暴力と任侠の町』」（朝日新聞西部本社編『新北九州風土記』朝日事業開発出版部）が、急速な変貌を遂げて日本の輸出入の窓口として、大発展を遂げる幕開きとなったのでした。

余談ですが、築港会社の持船は「洞海丸《どうかいまる》」と名づけられたことから、それまで洞《くき》ノ海《うみ》と呼んでいた入江は、いつしか洞海湾《どうかいわん》と呼ばれるようになったのでございます。

鉄道敷設

明治も半ばを過ぎますと急速に石炭の需要は増大し、炭坑の数も増えて生産量は飛躍的に伸び、筑豊は活況を呈しておりました。ところが坑主たちが頭を痛めていたのは、輸送手段が川艜の舟運しかなく、もはや限界に達していたことです。川艜は一艘に平均六トンしか積むことができず、そのうえ若松港まで四、五日から一週間も要し、雨の日は休みでした。さらに船頭は坑主の弱みにつけ込んで船代の値上げを要求して動かないこともあり、これでは炭坑が機械化されて増産に努めても、石炭の山を築くだけという状態となっておりました。石炭運搬の便法を図ることは、石炭坑業組合結成の大きな目的であり、頭を悩ませていたのです。

そんなとき、「私設鉄道条例」が明治二十年五月に公布されました。国策上、緊急を要する鉄道と認めたもの以外の鉄道に関しては、「私設鉄道」として国が免許を与え、助成措置も考慮するという内容のものでした。明治政府は富国強兵をめざして鉄道・海運・通信・工業・鉱業などに力を入れており、明治五年九月十三日には、日本で初めての鉄道が新橋から横浜まで開通しておりました。九州でも明治十三年には「九州の産業開発、文化の促進は鉄道にあり」（「福岡日々新聞」）と新聞紙上でキャンペーンも始まり、鉄道敷設の機運は高まっておりました。福岡県も明治十六年に熊本から門司までの鉄道建設を願い出たのですが、そのときは国の財政難を理由に頓挫した経緯がありました。

ところが私鉄鉄道を認めるという今回の条例が公布されたのをきっかけに、再び鉄道敷設の気運が盛り上がっていきました。まず福岡県は他県に呼びかけて明治十九年九月二十八日に「九州鉄道会社」を設立いたします。二年遅れて同二十一年六月十日、石炭の輸送に頭を痛めていた筑豊の坑主たちも、「筑豊興業鉄道会社創立願書」を、内閣総理大臣黒田清隆宛に出願いたします。その内容を読みますと、坑主の逼迫した現状と熱い思いが伝わってまいります。長くなりますが、かいつまんで紹介いたしましょう。

福岡県筑前国嘉麻・穂波・鞍手・遠賀・豊前国田川ノ五郡ハ、土地沃饒ニシテ百種ノ天産物ニ富ミ、就中煤田（炭田）ノ如キハ広大無比ノ面積ヲ有シ、其ノ品質ノ佳良ナル産出ノ巨額ナル

（『直方市史』下）

明治二十年度中の筑豊の採掘高は八億万斤余で、国内需要高の六分を供給している。さらには十万坪以上百万坪以下の煤田を三六鉱区、借区する許可もあり、各鉱業者は欧米より機械を購入するなど、競って採炭の方法を改良中であること、五年後には一四、五億万斤以上の採掘は充分確立できる、と展望を示しております。

加えて米・石灰石・生蠟・木材及び各坑山用諸機械・必要物資の輸送・人馬の往復など、最も往来が頻繁なルートで、

然ルニ此ノ如キ夥多ノ物品ヲ運送スルノ便ニ至テハ僅ニ舟楫ヲ通ズル一条ノ遠賀川アルノミニテ、目下三千六百余艘ノ川船ヲ上下シテ之ヲ若松港ニ輸送スト雖モ、採炭ノ尤モ多額ナル嘉麻・穂波・田川等ニ至テハ若松港ヲ隔ツル一十乃至二十哩ノ遠キ総テ遠賀川ニ依ラザルナク

また遠賀川は河底が浅いので巨舟は通れず、その上毎年耕作の季節四カ月間は、流域数カ所に堰を設けて灌漑用のため通船は止められるため、鉱業者は空しく採炭を坑内に積んで丘にしている。従来五郡の鉱山業の不振は前述の運搬の不便に起因していると訴えます。加えて坑内より若松港までの運搬費も高く、平均一万斤につき三円で、石炭売却代金の半分は運搬に費消していることも現場の深刻な問題でした。

鉄道であれば半分の一円五十銭で、そのぶん安価に販売できるので、

この損耗不便一日モ等閑ニ付スベキ儀ニ無レ之候、依テ今般五郡ノ同志相謀リ協力合資シテ筑豊興業鉄道会社ヲ組織シ（略）茲ニ私設鉄道条例ニ拠リ請願仕候

と、明治二十一年六月十日付、発起人五名連名で提出をいたしました。

その請願書には、免状が下りた日から第一工区の田川郡赤池から直方までは二カ年以内に、

また直方から若松港を第二工区として一カ年以内に成功させますと明記してあり、このことが後で自分たちの首を絞めることになるのですが……。驚きますのは、国の保護や助成を一言も要請していないことでした。すべて自己資本でやるという筑豊人の意地と、鉄道にかける意気込みが書面にみなぎっておりました。

翌月の七月三十日に仮免許状が下付され、資本金七十五万円、社長に子爵堀田正義を迎えて「筑豊興業鉄道会社」は動き始めます。本社を直方に置き、ほかに東京・大阪・若松に出張所を設け、明治二十二年七月十二日に本免許状が届くと、いよいよ工事開始となりました。

ところが工事は困難に見舞われ、計画通りには進みません。用地買収にも手間取りましたが、川艜関係者から反対運動が起こります。当時の川艜数はおよそ四六〇〇艘、事業社は一四六社、川艜組合に登録された船頭だけでも、六五四人の生活を賭けた闘いであります。なかでも激しい争いになったのは、屋島から堀川を高架で横切って遠賀川を渡る鉄橋工事のときでございました。橋を架けさせてなるものかとドスを持った船頭と、ツルハシの鉄道工夫が河原で睨み合い、工事は何度も中断いたします。そのうえダイナマイトで鉄橋を爆破するとの噂まで流れて、緊張感がみなぎっておりました。

堀川船頭歌

妻子抱えた川船暮し　負けちたまるか岡蒸気

工事の遅れは川艜業者の妨害だけではございません。明治二十三年夏ごろからコレラや赤痢の伝染病が広がって、病人が続出しても代わりの作業員が集らず、人手が足りなくなったのです。さらに泣きっ面に蜂と申しましょうか、大雨・大雪の日が多く、完成寸前の明治二十四年七月一日には長雨による大洪水が起こり、直方で水位四・八メートルに達し、堤防は破壊され田畑はほとんど浸水し、芦屋港では大小数百の船が流されたり壊されたりと、甚大な被害を受けました。遠賀川鉄橋工事現場では鉄桁組立中の組立資材が流失した上に、上流から流されてきた流木やゴミの類が橋台に多数絡みつき、工事は一時中断するなど前代未聞の災害が重なり、苦労の連続でした。

氾濫は遠賀川だけでなく、黒川上流の道元堤防も二十間にわたって決壊し、二十戸を越える人家が流されて中間唐戸に押し寄せたため、堀川は満水してあふれ出し、危険な状態となっていたのです。

それでも工事は続けられ、筑豊興業鉄道はその四カ月後の八月三十日に、自ら公言した期日より一カ月遅れましたが直方から若松まで開通させ、川筋男の意地を見せたのでございます。

運転開始の日、沿線は黒山の人だかりで、「岡蒸気」を一目見ようと、いまかいまかと見物人が集まっておりました。停車場は金比羅山の麓にあって、発車の五分前に鐘がガランガランと鳴り渡ると期待はいやが上にも高まり、見物人の頬は高潮して固唾《かたず》を呑む音さえ聞こえそうです。若松港の新しい歴史が始まる鐘の音が、洞海湾の水面高く鳴り渡っておりました。

さて一方の九州鉄道は、明治二十二年十二月十一日に博多から千歳川（筑後川）までの三五キロメートルが開通し、同二十四年四月に門司まで開通しておりました。折尾で交差する二つの鉄道は競い合うように、日本の発展を牽引して行くのです。

筑豊興業鉄道敷設にあたり、いまに伝えられる話が残っております。鉄道の起点をどこにするかで、芦屋と若松の二つの港が候補に上がっていたと聞きました。しかし、芦屋の町議会は鉄道が通ることに反対決議をし、若松に決まったとのことでした。この事を若松在住の芥川賞作家火野葦平は、自らが本名の名義で編纂した『若松港湾小史』（玉井勝則編、若松港汽船積小頭組合）の中で、次のように書いております。

鉄道布設の議が起った時、芦屋を起点とするか若松を起点とするかについて議論があったが、当時芦屋の町会は、芦屋の殷賑《いんしん》（筆者注・人の往来が激しく商売などが活気のある様子）は川艜のおかげであって、鉄道開通すれば当然川艜は来なくなり、芦屋は忽ち淋れてしまふものである、といふ意見一致し、芦屋の起点たることを町会で否決したといはれる

そして後日、鉄道敷設を題材に火野葦平は、川艜業者の反対闘争を収めた〝どてらばあさん〟こと島村ギンを主人公に、小説『女侠一代』を書きました。映画化もされて、遠賀川に架けた筑豊鉄道鉄橋下の河原で撮影がありました。中間や水巻の人々も多数エキストラとして参加しております。映画「女侠一代」が封切られたのは昭和三十三年十一月一日で、ちょうど中間町

から中間市になった市制施行の日でございました。

起点となった若松駅ですが、周辺には操車場があり、明治二十三年に若松機関庫、同二十五年に貨車の修繕を主目的とした若松工場が創設され、鉄道職員家族も住み始め、鉄道の町としても発展していったことはご承知のとおりです。さらに明治二十六（一八九三）年十一月には直方にあった筑豊石炭坑業組合の事務所が若松に移され、石炭輸出港若松はゆるぎないものとなっておりました。筑豊の大手炭坑主たちも若松に事務所を建て、大手中央資本の事務所も次つぎと建ち並び、港町は最盛期を迎えました。

筑豊線遠賀橋川鉄橋をわたる蒸気機関車
（中間市教育委員会提供）

若松港には鉄道と川艜と二つのルートで、石炭が運ばれて来ます。筑豊興業鉄道は明治二十五年十月二十八日に小竹まで、翌年七月三日に飯塚まで、明治三十四年十二月九日に桂川までと順次開通して、堀川の寿命唐戸より上流域の炭坑は、逐次鉄道輸送に切り換えていきました。若松港の着炭量は鉄道が開通した明治二十四年は川艜六九万七〇〇〇トン、鉄道一万八〇〇〇トン、同二十八年は川艜八三万トン、鉄道二八万トンですが、同三十三年には川艜九二万トン、鉄道一九二万トンと大きく逆転いたします。

といっても、すべての炭坑が、鉄道に切り換えられるわけではありません。鉄道輸送にするには、坑口からトロッコで積み出した石炭を貨車に積み替えるためのホッパー設備や、最寄の駅と坑内を繋ぐ引込線の敷設が必要となりますので、資金力の弱い中小炭坑は川運を利用しておりました。また堀川に近い炭坑は若松までの距離も短いため、数は少なくなりましたが、昭和十三年まで川艜を利用しておりました。

香月線が通った

明治二十二年に町村制が施行されて、中間村と岩瀬村は合併して長津村が誕生いたします。同じく香月村と楠橋村、馬場山村、畑村が合併して香月村としてスタートいたしました。そのころ筑豊興業鉄道の敷設工事は進んでおりましたが、聞けば若松と折尾と直方しか駅の計画はないとのことでした。長津村は村内に駅を設置して欲しいと、鉄道の開通二カ月前に急きょ出願したのです。まさに滑り込みで、開業と同時に中間停車場が設置されたのでございます。

設置当時は、「駅前には四、五軒の農家があるだけで、店らしいものは一軒もありませんでした。駅の周辺などは見渡す限り田んぼ」（『中間市史』）だったようです。鉄道は二年後には中間と植木の間が複線になり、明治三十年には九州鉄道と合併いたします。

筑豊興業鉄道は筑豊地区の石炭輸送を第一の目的として敷設されたのですが、中間・水巻周辺の炭坑は近くに遠賀川も堀川も黒川も曲川もあって若松港までは距離も短く、運送費も大差ない舟運で間に合っており、鉄道への切り換えはゆっくり様子見という感じのようでした。

ところが明治二十七年に日清戦争が起こり戦争特需で需要が増大、そのうえ八幡製鐵所の建設や若松港の整備が進むと外国の大型船も入るようになり、石炭は掘っても掘っても飛ぶように売れていきました。増産に次ぐ増産で舟運は飽和状態となり、坑口に積み上げられた石炭は、川艜が戻るのをむなしく待つだけで放置されておりました。

そこでまず立ち上がったのは、明治十二年に香月村に大辻炭坑を開坑した、筑豊ご三家の貝島太助と、明治二十八年に楠橋と長津にまたがる岩崎炭坑を開坑した岩崎久米吉でした。もともと香月地区は筑豊で一番早く石炭が発見されたところといわれています。「文明十年戊戌三月、土民が香月の畑金剛山にて黒石を土中から発掘し、之を焼く」（横山貞明『香月世譜』福岡県立図書館）と記録にも残っており、すでに文明四（一四七八）年には住民が燃料として使っていたところで、貝島太助によって開坑され開けた石炭の村でございます。

明治四十一（一九〇八）年七月に九州鉄道（明治三十年十月一日合併）に交渉して石炭運送専用の線路が敷設されました。中間停車場から大辻炭坑のある香月までの三・五キロメートルですが、鉄道の開通から十七年も経っておりました。岩崎炭坑の路線は香月駅の手前、黒川を渡ったところから枝分かれしてY字形に貨物停車場を設置し、香月駅は明治四十四年に気動車を運行して旅客の運送を開始します。

貝島・岩崎に次いで、九州採炭新手炭坑によって中間停車場から一・三キロメートルのところに新手駅貨物停車場が設置されて営業を開始したのは、明治四十五年一月七日でした。駅の周辺には炭坑関係の人たちも多く住み始めて、住民の要望も多く、新手駅と岩崎駅の間に旅客用の楠橋駅が設置されたのは大正元年十一月のことでした。旅客といっても、客車だけの列車はなく石炭列車が優先で、最後に二、三両だけ客用があるだけのものでした。

水運から鉄道に切り替えるには、引込線の敷設だけではなく、貨車に積み替える設備が必要でした。香月駅には五路線あり山の手に寄った端の線路の上に、大辻炭坑の巨大なホッパーが設置されております。また新手駅から三〇〇メートル香月寄りには、九州採炭のホッパーが線路を跨いで、まるで工場内のように立ち塞いでおりました。ホッパーには、停まっている貨車一両ごとに、頭上に貯炭所が設けられ、炭坑から運ばれてきた石炭を貯炭所に移すと、その底が開いて貨車に落とし込まれるという仕組みになっております。なん十両もの貨車がいっせいに石炭を受ける光景は迫力がありました。

中間停車場から分岐した運炭線の新手―楠橋―岩崎、そして終点の香月までの三・五キロメートルは、大正六（一九一七）年一月に九州鉄道香月線となりました。二年後の大正八年十二月十一日に岩崎貨物停車場駅は廃止され、楠橋駅を岩崎駅に改名して中間―新手―岩崎―香月と改められました。

さて大正十一年に伊藤傳右衛門によって大根土炭坑が開坑されると、新手駅まで専用引込線が次つぎと増設されました。香月駅には五路線、新手駅は四路線となり、香月線から石炭列車を受け入れるため、同時に中間—折尾間も複々線になったのでございます。中間駅に運び込まれる石炭列車は香月線だけではありません。明治四十三年まですべて舟運だった中鶴炭坑も、中間駅までの引込線の工事が完了して水陸両運送になり、飛躍的に輸送量は伸びていきました。さらに中間駅は大正十三年に下りの筑前植木まで複々線になり、石炭を満載した貨車は二十両三十両と連結して黒い煙を吐きながら、一日中走り続けていたのです。

若松の発展

川艜での送炭の最盛期は「出船千艘入船千艘」と謳われた明治三十年ごろで、洞海湾には八千艘を超える川艜や、艀だけでも一七〇〇艘も待ち受けて、沖で待機している仲買船へ石炭を運びます。大阪商船、日本郵船、そして鶴丸海運、川崎汽船など、船会社や回送問屋だけでも一五〇軒近くもありました。

明治三十年に八五〇〇人だった人口も、明治四十五年には三万二五二七人、元号が大正と変わったときは、六二五八戸三万七三九三人と増えつづけ、大正三（一九一四）年には市制を施行いたします。南海岸通りには明治三十四年に若松石炭同業組合と改称した問屋組合が、同三十八年に木造二階建てドリス風円柱の玄関も新しい「石炭会館」を建てたのを皮切りに、三菱合資（大正二年）、古河商事（大正八年）、古河鉱業（同）、海運業の栃木ビル（大正九年）、麻生商店（大正末）などの支店や事務所のモダンなビルが競うように建設され、それに負けじと筑豊炭坑主たちの事務所も進出して、港町は西洋情緒漂うハイカラな街へと変身して行ったのでございます。

大正九年には金比羅山の麓（本町九）にあった若松駅が、現在地（白山一）に新設移転いたします。筑豊から連日運ばれて来る石炭は一日平均一万トン余、一年で三六〇万トンから五〇〇万トン。一回で五十両から六十両連結した貨車が、一日二〇〇〇両近く入ってきて、途切れることはありません。若松駅に入って来た石炭は、船に積み替える分と貯炭に分ける作業が行われます。岸壁には、大正鉱業、三井鉱山、三菱鉱山、麻生産業など、炭坑毎の貯炭場が並んでおりました。

仕事を終えた船頭やごんぞうはもちろん、石炭商や船会社関係の人たちの接待や遊興の場として、花街は賑わいを見せておりました。遊郭だけでも一三五軒、置屋十四軒、料亭五十軒、芸者も一七〇人近くいて、ほかに酌婦だけでも七〇〇人は下らなかったといいます。日本髪を結った芸者が人力車に乗って、颯爽と通りすぎていく姿も若松の風物でございました。あの町角からこの料亭から一日中、太鼓や三味線の音が聞こえておりました。

お客の一番は筑豊の炭坑主で、その金の使いっぷりは並外れておりました。連日連夜、料亭で豪遊し、お金を湯水のように使います。お札を座敷にばらまき、それを着物の裾をからげた芸者が拾う姿も、余興のひとつと楽しんでいたようでございます。

湾岸はのちに製鉄所から排出される鉱滓《こうさい》の捨て場となって埋め立てられ、埋立地には企業が進出してまいります。湾内にあった七つの小島は埋立地に統合されて、一つまた一つと姿を消して行き、かつて若松城のあった河蚪島が、湾口にひとつ残されているだけとなりました。

河蚪島の左右の海域は狭くて深いため、潮の流れも早く、度々船が乗り上げたり沈没したり、洞ノ海の難所でございました。いつしか「ローレライの島」と呼ばれるようになりました。その河蚪島も戦火が迫る昭和十五年十二月に撤去されて、洞ノ海の七つの島はすべてなくなります。島の上空に若松と戸畑を結ぶ朱色の吊り橋若戸大橋が架けられたのは、昭和三十七年のことでございます。

上：若松港の貯炭場の様子
下：貯炭場から船へと運ばれる石炭
（共に中間市教育委員会提供）

折尾の発展

明治以前の折尾は、堀

川に山ノ鼻と矢戸口滑ヶ堰の二つの板井手があるだけの農村地帯でした。明治五（一八七二）年に陣原に七十四戸四〇八人、同十六年には九十六戸四九八人で、それも江戸期に新田造成された本城に集中していたようです。明治二十二年に折尾、本城、陣原、則松、永犬丸の五カ村が合併して、五九九戸三三八六人の洞南《くきなみ》村となります。

折尾の発展は、鉄道を抜きには語れないでしょう。明治二十四年四月一日に九州鉄道の門司と高瀬間が開通して、折尾停車場が設置されます。その四カ月後の八月三十日に筑豊興業鉄道の若松と直方間が開通して、折尾停車場が設置されました。折尾の堀川沿いに二つの停車場が誕生する前は、駅前周辺は人家もまばらな丘陵地でございました。

二つの駅は離れていて、駅長も二人おりました。筑豊興業鉄道の駅員は石炭景気もあって羅《ら》紗《しゃ》の制服、一方の九州鉄道は綿の制服でしたが、お互いにライバル意識があったようでございます。

駅弁が発売されたのは早く、明治二十五年におにぎり三個とたくわんと梅干だけを竹の皮に包んだものでした。

ところが折尾駅で、九州鉄道と筑豊興業鉄道で乗り換えの客が手間取ったり、列車を間違ったりと不満の声が上がっておりました。明治二十八年九月十四日に二つの駅舎は一つになり、階上が九州鉄道、階下が筑豊興業鉄道という、国内で初めての立体交差の駅舎が完成いたします。明治三十年十月一日、九州鉄道と筑豊興業鉄道は合併いたします。以来、折尾は交通の要衝として急速に発展して行ったのでございます。

駅を中心として明治三十一年に郡役所が芦屋から折尾に移転し、その後も折尾郵便局、小倉区裁判所出張所、警察署黒崎分署、折尾警察署、そして福岡貯蓄銀行などが設立され、駅前には人力車や乗合馬車が集まり、飲食店や商店の数も増え、折尾駅は政治経済交通の中心地となっていきました。広く折尾の名前が知られるようになりますと不便が生じ、洞南村は、明治三十七年七月に折尾村と改称いたします。その後も折尾村は明治四十四年には一〇九四戸五五三〇人と二倍に迫る勢いで発展していきます。

何十両も石炭を満載した貨物列車は筑豊から若松へ、折尾を経由して門司港へと、黒い煙を吐き汽笛を響かせて一日中力強く何往復も走っておりました。駅舎の前には堀川が流れ川艜が行き交い、船頭もいまいましさと物珍しさの表情で棹を動かしながら、列車を見上げて通り過ぎて行くのでした。

明治三十二年十一月、折尾駅裏に高さ五メートルの「遠賀川疎水之碑」が建立されました。発端は二年前の明治三十年五月、許斐鷹介・貝嶋嘉蔵・そして和田源吉が若松町に集り、堀川の果たした輝かしい事蹟を後世に残したいと相談しておりました。許斐鷹介は直方多賀神社の神官で、炭坑を開掘した炭坑王。明治二十三年には港の重要性を痛感して自ら小倉築港を造り、明治三十二年三月に県選出の代議士となります。貝島嘉蔵は炭鉱王御三家のひとり貝島太助の子息、和田源吉は石炭商で若松築港株式会社設立の発起人です。疏水碑建立に異存はなく話はまとまります。さっそく碑文を旧福岡藩主黒田長成にお願いしますと、一四〇〇字の漢文の碑文ができ上がりました。

碑文のなかには堀川が開通して以後、「災害至らず、潅漑亦また遍《あまね》く。豊筑の徳沢《たく》を蒙ること幾度三十余年、時人之を名けて宝川と曰ふ」と記されています。堀川を利用させてもらって三十余年、その間災害もなく、田畑の水は広くゆきわたり、筑豊地区は仁愛にみちた恵みをいただいてきた。人々は堀川のことを宝川と呼んでいますよ、といった言葉に、感謝の気持ちが込められておりました。

明治三十二年度の堀川通過船数は十三万六五七艘と、この年が川艜運行の頂点でありました。いま思いますと、その碑ははからずも堀川のその後の流転を暗示するかのような、労いの言葉のようにも聞こえます。建立された疎水之碑は河守神社の所有となり、その後は川下りの祭礼のお旅所として、毎年碑前祭が行われておりました。

また、明治三十一年に設立された東筑中学校が、飯塚の仮校舎から折尾の現在地に新築移転して来たのは同三十五年で、遠賀税務署が芦屋から移転してきたのもこの年でした。官庁や炭坑、そして製鉄所など工場で働く人たちの町折尾に、次代を担う中学生の溌溂とした姿が新たに加わり、運輸、商業、交通に加え教育の拠点として急速に発展していく様子は、目を見張るものがありました。

大正三年六月には九州電気軌道会社によって、小倉の延命寺から折尾までの電車が開通いたします。軌道が二つの鉄道と交わるため、それを避けようと線路の西側に六連、東側に三連の赤煉瓦高架橋が設けられました。その六連の一つは、折尾一番の繁華街であります本町通りの道筋を優先して、高架橋のアーチ部を斜めにねじって積むという工法を取り入れたもので、「ねじりまんぽ」と呼ばれる珍しいものでございます。

折尾駅前の堀川の風景（中間市教育委員会提供）

電車の車両は長さ七・六メートル、幅二・一メートルの四十人乗りの木造車ですが、なんと長年慣れ親しんできた川艜の、小型の大きさとほぼ同じになっています。開通式には花電車や芸者姿のきれいどころを乗せた美人電車が運行され、提灯行列や仮装行列も練り歩き、三日三晩続くたいそう賑やかなお祭り騒ぎだったようです。将来は福岡まで延長する計画でした。

電車の開通によって鉄道の利用者も大幅にアップし、大正五（一九一六）年十月二十一日に折尾駅は、ルネッサンス風洋風建築のモダンな駅舎に生まれ変わります。設計者は東京駅や日銀本店などを設計した佐賀県出身の辰野金吾といわれ、その駅舎を一目見ようと毎日大勢の見物人が押しかけ、近代的な折尾の町の顔となって人気を博しておりました。

その二年前の大正三年二月一日、門司築港にあった駅が二百メートル北の西海岸に移転して「門司駅」（昭和十七年十月門司港駅に改称）となり、欧州風の木造二階建て、ネオルネッサンス洋式のおしゃれな駅舎が人気を集めておりました。北九州の東端と西のふたつの駅舎は、大正モダンの明るい時代の象徴として、人々に希望と勇気を与えることになったのでございます。

折尾駅前には大正六年に街灯がつき、堀川端に西洋料理店が開店し、赤煉瓦造りの十七銀行（現福岡銀行）が開業、翌七年に折尾村は折尾町になりました。名物となった駅売りの「かしわ飯弁当」は大正十年に登場です。駅から堀川に沿って飲食店が建ち並び、夜には店の灯りが川面に妖しく揺れて、勤め帰りの人々で賑わいを見せるのも、折尾の風物となりました。

折尾の繁栄は石炭抜きには語れませんが、その話は三好炭坑でお話いたします。

東筑尋常中学校

明治五（一八七二）年に「学制」が交付されたとき、小学校はもちろんですが、中学校も県内区毎に設置が定められ、福岡県内は三つの中学区に分けられておりました。しかし、設置費用は当事者持ちであるため、県も財政不足で話はそれ以上進みません。そうこうするうちに明治二十四年に中学校令が改正されて、各府県に一校設置を義務づけられたのでございます。明治二十年代後半になりますと、県民の間にも、「もっと上の学校で学びたい」「こどもに高等教育を受けさせたい」と、中学校設立の要望が強くなっておりました。

一方、堀川を中心とした炭坑景気に加え、鉄道の要衝であります折尾地区の発展など県東部の振興は著しく、人材の育成も急務となり、地元の機運は盛り上がっておりました。明治三十年、福岡県東部に中学校の設立が県会で決まり、校舎は遠賀郡洞南村（折尾町）と決定されたのでございます。翌三十一年に福岡県東筑尋常中学校は開校いたします。ところが新校舎が間に合いません。そこで飯塚町の高等小学校を仮校舎として、一年生一七二名、二年生三十一名の計二〇三名でスタートいたしました。四年後の明治三十五年三月二十七日、新校舎も完成し県立東筑中学校と改正されて、折尾に移転いたします。ちなみに飯塚の仮校舎は、のちに伊藤傳右衛門が買い取り、嘉穂郡立技芸女学校となったところであります。

飯塚といい折尾といい炭坑町のど真ん中で、いわゆる川筋気質の生まれた地域でございます。当然、生徒たちもその気風のなかで育まれた男子が多く、「気性の荒いとされる、熱しやすいが冷めやすい遠賀川川筋の、炭田地帯の殺伐たる雰囲気の中で成長した東筑の生徒は、笛吹けども踊らず」（『東筑百年史』福岡県立東筑高等学校）、粗暴の評判でございました。

しかし、志は高く勉学への情熱は熱いけれど、学費は高くて続けられず、卒業できるのは四分の一強の生徒だけでした。そのような経済的理由を抱えた生徒に、学費を貸与して卒業させようと「奨学会」を発足させたのが明治四十一年のことでした。その実現のため委員となって協力した遠賀町老良出身の添田寿一法学博士ですが、貧しくとも夢を抱いて上京した遠賀地区の男子学生が、安心して学び暮らせるように、東京は小石川に私財を投じて「東筑学生宿舎」を創立いたします。経済的なことばかりでなく、故郷を遠く離れた学生にとって、寮生活は同郷の絆と助け合いの場にもなり、学ぶ学生を支えておりました（平成二十六年三月に、一一二年の幕を下ろします）。

夢ふくらませて中学校に進学したものの、明治三十七年二月十日、日露戦争が勃発。そして大正七年七月二十八日に第一次世界大戦勃発と、学生たちは否応なく戦争に巻き込まれていきます。「学校に於ける軍事教育実施案」（大正十四年）によって陸軍現役将校が配属され、軍事教練が始まりました。学生にも軍靴《ぐんか》の足音が迫り、昭和十年の体育大会では戦闘教練が加わります。翌十一年には軍事関係の行事が、教育の大半を占めるようになったのでございます。

教師は次つぎと出征して行き、生徒たちは出征兵士の見送りや、傷病兵、戦死者の送迎が多くなります。さらに「国家総動員法」が公布された昭和十三年からは、学生の勤労奉仕、輸血奉仕、慰問袋寄贈などの奉仕作業と、軍事教練で心身鍛錬・体位向上をめざす体育が重要視されるようになりました。昭和十六年十二月八日に太平洋戦争が勃発すると、翌年には「学徒動員法」が出され、学生は授業の代りに軍事力増強のために働くことが奨励されたのでございます。制服も戦闘帽をかぶって足にはゲートルを巻いた姿に変わりました。

当時の東筑中学校では、ハワイ真珠湾特別攻撃で人間魚雷となって戦死した九人を九軍神と讃えていたそのひとりが、遠賀郡虫生津出身で東筑中学校三十五期生の古野繁實少佐であったため、古野少佐に続けとばかり、学校の戦気高揚は、いやがうえにも高まっておりました。「利己主義を排除し、人の為、世の為、君国の為、一身を捧げよ。これこそ川筋の任侠心に相通ず」と学校長は川筋魂、東筑魂に火を点けます。

十八歳になると予科練の募集が学校でも行われます。それも三年生以上が対象でしたが、いつの間にか二年生以上と下げられ、生徒の大半が応募しておりました。

創立当初から戦争の影を背負い、時代のうねりに翻弄されながら、生徒たちは全国へ羽ばたいていきました。「幾多の東筑生がその青春を過し、東筑を育み、東筑の校風形勢に多大の影響を与えたのは、折尾の町と堀川であろう」（『東筑百年史』）と、卒業生は振り返ります。

石炭の神様・佐藤慶太郎

筑豊御三家といえば安川敬一郎、麻生太吉、貝島太助で、少し遅れて伊藤傳右衛門が加わるのですが、いまひとり石炭の神様と呼ばれた石炭王がおりました。東京上野の東京府美術館（昭和十八年から都美術館）建設のとき、全費用百万円を丸ごと寄附した佐藤慶太郎を紹介しなければならないでしょう。

佐藤慶太郎は明治元年（一八六八）十月九日、堀川沿いの陣原村（八幡西区）で生まれました。佐藤家は代々庄屋の家柄でございましたが、明治の改革で没落し、船頭相手の諸式屋など小商いで細々と暮らしておりました。慶太郎は生れつき胃腸が弱くすぐお腹をこわす病弱な子

ども で、荒っぽい川筋気質には縁遠く、学問の道を志しておりました。親戚に資金援助を頼んで明治二十年に上京し、三年間明治法律学校で学びます。卒業すると陣原に戻りましたが、何をするでもなくぶらぶらと過しておりました。

転機は帰郷して二年後のこと、若松の石炭商山本周太郎の妻の妹、俊子との縁談でした。新婚夫婦の住まいとなったのは山本商店の二階で、慶太郎はそのまま番頭として働くことになったのでございます。当時の若松は「出船千艘入船千艘」の最盛期で、慶太郎も番頭として石炭を研究し、石炭の経済学を積極的に学びます。義父の山本周太郎は当時、若松だけでも二五〇店を超える石炭商の副組長で、平岡浩太郎に信頼され、豊国炭鉱などの石炭を一手に扱う縁を築いておりました。ちなみに組長は安川敬一郎でございます。

慶太郎が山本商店から独立したのは、日露戦争で石炭の需要が急増している明治三十三年で、貝島所有の緑炭坑を譲り受けて経営を始めます。次いで大辻第四坑、高江炭坑と手を広げ、慶太郎は石炭の品質や用途まで研究していることから信頼もあつく、着実に販路を拡大して行きました。一目で何炭坑の何層の石炭と見分ける眼力を身につけた慶太郎は、誰言うともなく「石炭の神様」と言われるようになっていたのでございます。

しかし慶太郎は驕ることなく、「富んだまま死ぬのは人間の恥である」（カーネギー）を信条にして、築いた富をいかに世に役立てるかを常に考えておりました。大正七年に若松市議会議員に推されて当選した二年後、持病の胃腸病が悪化して炭坑経営から身をひきます。ところが第一次世界大戦が終結すると戦争景気の反動は大きく、炭坑の閉山も相次ぎ坑主たちは苦しんでおりました。経営から身を引いたとはいえ、このまま手をこまねいて見ているだけでいいのか、今こそ全国の石炭鉱業者が力を合わせて乗り切ろうではないかと、大正十年三月、慶太郎は全国石炭鉱業者の連合会結成を呼びかけるため上京いたしました。

東京の宿で十七日付の「時事新報」に目を通していたとき、東京に常設の美術館を設立したいと資金の寄附を呼びかける記事が目に止まります。建設に要する経費は、およそ百万円とありました。慶太郎はすぐに東京府庁を訪ね、現金百万円を寄附いたします。それは慶太郎の総資産の半分に当たる金額でございました。大正十五年五月一日に「東京府美術館」は開館し、慶太郎の胸像が玄関口に建てられました。

その後、残りの資産も病院建設や社会奉仕に惜しみなく使われ、昭和九年に妻俊子の死をきっかけに別府に転居し、若松の邸宅はそっくり若松市に寄贈されました。その敷地は高塔山の麓の「佐藤公園」で、今は市民の憩いの場となっております。

遺産のすべては社会事業に寄附するという遺言を残し、昭和十五年に七十三歳の生涯を閉じたのでございます。

第三章　石炭産業の光と影

八幡製鐵所

製鉄所誘致

製鉄所設置の候補地に八幡村の名前があがっているが、地元も請願運動をしてはどうかと、遠賀郡長岡田三吾らに耳打ちしたのは、製鉄調査委員長を務める農商務次官金子堅太郎と言われております。その話を聞いた岡田三吾はさっそく、若松村村長の芳賀与八郎に話し、その息子で八幡村村長の芳賀種義にも事の次第を話しました。

芳賀家は庄屋の家柄で、与八郎は明治二十二（一八八九）年六月に若松村村長に当選し、その四年後には若松村から町になった若松町長に就任しておりました。息子の種義は明治二十五年四月に八幡村村長となって枝光に帰村し、翌年四月から大蔵、枝光、尾倉の三村を合併した八幡村の村長を引き継いだ地元の実力者でした。種義は文久元（一八六一）年九月二十八日生まれの三十五歳、少しやんちゃな面もありますが、筋を通す男気のある人物でした。

明治二十九年春、若松の安川敬一郎宅に、衆議院議員平岡浩太郎、かつての三菱鉱山部長で工学博士の長谷川芳之助、遠賀郡長岡田三吾、そして芳賀父子が集まっておりました。日本の近代化の要となる官営製鉄所建設に政府は力を入れており、八幡に誘致することは地元の発展でもありました。さらに噂では、鉄一トン造るためには石炭が六トン必要との話を聞くと、安川たちの筑豊石炭坑業組合にとっても悪い話ではございません。是が否でも誘致を実現させたいという熱い思いは一致し、その日に誘致運動の開始を誓い合ったのでした。

燃料の石炭は筑豊炭田が控え、輸送手段は若松港と門司港がある。そして鉄道もすでに敷設されており、建設が予定される枝光の地盤は天然の花崗岩で、災害の少ない良好な地質でありました。水は大蔵川から引けばいいだろう。長谷川芳之助は政府の製鉄事情調査委員を五回も務め製鉄事情にくわしく、燃料豊富な筑豊地方を離れては敷地の選択は容易ではないと、以前から明言されていた専門家です。さらに軍事上の防禦の点では、洞海湾という内海にあるためもっとも安全であることから、条件のすべてを満たしている自負がありました。

中央官吏の金子堅太郎と連携しながら、政治的に動くのは現国会議員であり政界に顔の効く平岡浩太郎、港湾と筑豊炭田の力を武器に、貝島太助や麻生太吉らと協力して政府を動かすのは安川敬一郎、岡田三吾は実務面で支えます。金子も含めいずれも旧福岡藩士で団結力があり、何より維新で冷や飯を食った筑前の復興は悲願でありました。そのことは旧藩主黒田家も同じで、積極的に応援いたします。若松の安川邸はまるで製鉄誘致対策本部のようになっていて、誰彼が終始つめかけては報告し対策を練り、交渉のため奔走する拠点となっておりました。

残る最大の難関は土地を提供する地元の説得で、村長の芳賀種義の双肩にかかっておりました。この日から芳賀村長の苦しい闘いが始まるのでございます。

その話の前に、官営製鉄所の建設が決まるまでのいきさつを、手短に説明いたしましょう。嘉永六（一八五三）年六月三日の黒船来航以後、鎖国政策を解いた日本は、国際的重圧のなかで国力を強めることが急務となっておりました。そのためには、輸入に頼っていた兵器を造る鉄を自国で生産することが第一で、急を要する課題となっていたのです。

安政四（一八五七）年に岩手県釜石で鉄鉱石の鉱山が発見され、明治七年に官営の製鉄所を建設して銑鉄の製造を開始していましたが、燃料の不足などで明治十六（一八八三）年に廃止。釜石の他にも工場は設立いたしましたが、いずれも失敗に終わっていたのでした。明治二十四（一八九一）年の第二帝国議会に松方内閣は「国防のために軍艦を造り、製鋼所を新設して、軍備を整えなければいかぬ。これが日本の急務だ」と製鋼所設立費、軍艦製造費、砲台建築費など、海軍省の製鉄所建築案を提出いたしますが、否決。翌年六月の第三帝国議会にも再提出するも、これも否決されてしまいます。そして明治二十五年の伊藤内閣の帝国議会では、海軍省ではなく農商務省案として再度提出されました。農商務省案では単に鉄を軍用だけでなく、広く国家の需要に応ずるために高炉建設が必要であると、幅広い解釈に変更されたことが功を奏して、ようやく可決されたのでした。

さっそく、伊藤博文総理は農商務省次官の金子堅太郎に候補地の調査を依頼します。金子堅太郎は平岡浩太郎や安川敬一郎らと旧知の間柄であり、以前から筑豊の石炭と鉄を結びつける地域経済構想を持っていたのです。そのとき金子は現地調査を、平岡浩太郎に依頼いたします。

その矢先の明治二十七年八月一日、朝鮮国に対する主導権をめぐって中国清と対立した日本は、清国に対し宣戦布告をして日清戦争が始まりました。翌年下関条約が結ばれて、朝鮮は独立国となり、清国は賠償金三億一千万円を日本に支払う約束を交わして、日清戦争は終結します。その賠償金の八割以上が軍事拡張費と臨時軍事費に使われることになり、製鉄所建設に向かって具体的に大きく動き出したのでした。

一方、明治二十四年から不況に喘いでいた筑豊の石炭業界は、日清戦争後の景気で勢いを盛り返し、製鉄所誘致運動の強力な戦力となっておりました。

製鉄所立地場所の条件は、

①軍事上、防御が完全な区域内であること
②海運・陸運の便利なこと
③原料供給に便利なこと
④工場用水の豊富なこと

⑤職工の募集と工場用資材の供給に便利なこと
⑥製品の販売に便利なこと

（『八幡製鐵所八十年史』新日本製鉄八幡製鉄所）

などが検討された結果、神戸大阪地方、三原尾道海峡、広島呉海峡、門司馬関海峡に絞られました。さらに最終候補地として、「遠賀郡八幡村」、かつて宿場町として栄えた大里の「企救郡柳ヶ浦」、そして広島県の「安芸郡阪村呉」の三カ所となりました。なかでも呉の誘致運動は強力で、無償で二万坪を提供すると申し出るなど、油断のならないライバルでした。呉に勝つためには、八幡と柳ヶ浦と、候補地が福岡県内に二カ所あっては力が分散して負けるので、八幡村に絞ってはどうかと助言したのは金子堅太郎でした。

一番の問題は洞海湾の水深で、製鉄所が建設されれば人の往来も多くなり船も大きくなります。それに大型の重い機械類を運ぶためにも、三〇〇〇トンの船舶が航行できる港が必要でした。そのとき安川は、若松港については「私に任せてくれ」と約束いたします。そして石野寛平から引き継いで、若松築港株式会社の社長に就任したばかりの高橋進に代わり、三代目社長の座に着いたのでした。安川の製鉄所誘致を見据えた、強い意思と行動力でありました。さらに平岡浩太郎を取締役に、筑豊の炭坑主麻生太吉を監査役に置いて、製鉄所誘致の布陣を固め、安川はただちに誘致の条件を満たす築港計画を実行に移しました。

マスコミ関係は「福岡日々新聞」主幹の征矢野半弥《そやのはんや》が紙面から応援の役目です。安川、平岡らは中央の政財官界の中枢に働きかけるため、ほとんど地元に帰ることがありません。安川は、国や官営製鉄所と連携する事業を名目にしながら、国からの補助金を得たり共同事業とするなど、その運営の堅実さに手腕を発揮しました。あとは地元の熱意を示すばかりとなりました。

土地問題

さて芳賀種義村長は八幡村に戻るとまず、村の有力者数人と話し合いをもって意思の統一を固めると、五月に臨時村民大会を開きます。芳賀は「明治二十七、八年の戦役に於て、軍器の製造に国家生存競争上大に必要にして、一日も忽緒《こつしょ》に付すべからざるものなり、然るに多数候補地のある中に、当局者に於て折角我が八幡町を以て適当の位置と決定せられたる以上は、邦家（国家）の為め土地買上げの結果、仮令八幡町民挙て他に移住するに至るも宜く之れが買上げに応ずべきは、国家に対する義務なる」（荒巻次郎『八幡繁昌記』山鹿はた資料室）と熱く説得いたしました。

しかし村民の多くは理屈では分かっていても、先祖伝来の田畑を手放しては申し訳ないとの思いが強く、それに土地を奪われたらこの後、何をして食べていけばいいのか、そのうえ用地の買収も地価の半値で提供しろとはあんまりではないか、と村民大会は紛糾しました。芳賀は、「もし村民が将来生活に困ることがあれば、私が生活を保証しましょう」と覚悟を示して説得を続け、やっと十万坪の土地提供と二万坪の無償提供が決まったのでした。

芳賀と村民有志は地元の熱意を国に示すため、請願で上京すること七回、旅費も運動費もすべて自己負担です。それだけではありません。芳賀は村長手当て六カ月分を役場に返上して活動費に変え、いわゆる手弁当での運動でした。ところが請願のたびに、国は道路の改良や従業員住宅の建設など、条件をつけてきます。地元はただ黙って了承するよりなかったのでした。

一方、安川、平岡は明治二十九（一八九六）年五月に若松の筑豊石炭坑業組合倶楽部の新築上棟式に、平岡が「伊藤の次の首相」と見込んでいる松方正義と大隈重信を招待して、盛大な歓迎会を催しました。その際二人を若松港周辺に案内いたしますが、これも現地を見分してもらうための作戦でもありました。平岡の読みどおり、九月に第二次松方内閣が誕生いたします。

それぞれの立場からの努力の甲斐あって、明治三十年二月五日、農商務大臣榎本武揚《えのもとたけあき》名で「当省所管製鉄所ハ福岡県下筑前国遠賀郡八幡村ニ之ヲ置ク」の告示があり、製鉄所建設は八幡村に決定された瞬間でございます。六月一日には建設現場の入口に「製鐵所」と大書された大きな木製の門標が掲げられ、開庁起工式が行われました。その日の関係者のよろこびを思い浮かべるだけで、いまも笑みとうれし涙がこぼれるのでございます。

ところで明治二十九年度の帝国議会の政府予算案のなかに、製鉄所創立費が含まれてはいましたが、上下両院を通過して四月一日に施行された時点では、まだ予定地は確定されていませんでした。その年の四月二十九日に金子堅太郎は、福岡市で開かれた全国商業会議所連合総会に臨席した際、若松に立ち寄ったのですが、帰京後の報告が榎本大臣の背中を押して、八幡に決まったのではないかとの話も聞いております。金子は若松の印象を、次のように手紙に書いておりました。

要約しますと、八年前（二十一年）に若松に寄ったときは人烟《じんえん》もわずかな一村落に過ぎなかったが、今日《こんにち》、港内は汽船帆船が雲集し、その数一万はあるだろうか。また筑豊鉄道は既に敷設され、石炭運搬の便もおおいに開けている。ことに軌道数の多さは全国でもまだ見たことがない。石炭は若松を経て内外各地に輸出するもの毎月四億万トンの多さであり、まるで欧米の文明国の港市を見ているようで、驚嘆且つ欣喜《きんき》にたえない、としたためています（小塚天民『若松繁昌誌』若松活版所）。さらに金子は堀川に言及し、そもそも若松は藩祖長政公が「運河ヲ開鑿シテ遠賀川ニ由ルノ迂ヲ避ケ一直洞海ヲ経テ若松ニ至リ以テ漕運ノ便ヲ開キシモ終ニ若松ヲ以テ一代商港トスルノ目的ハ之ヲ達スルニ至ラサリキ」（『若松繁昌誌』）と、感慨深いものがあると書いておりました。

福岡の旧藩士たちの郷里への熱い思いが、金子、平岡、安川、岡田、さらには旧藩主黒田家へと結束し、それが力となって製鉄所誘致運動の背中を押したのではないかと、文面から伝わってくるのでございます。

製鉄所建設右往左往

八幡村決定の喜びもつかの間で、またまた地元に無理難題が降りかかります。土地の提供は当初、枝光地区十万坪の予定だったはずが、さらに尾倉地区二十万坪が必要との通達でありました。と言いますのは、明治三十年十一月に、欧米諸国を視察された和田維四郎《わだつなしろう》製鉄所初代長官が、わが国の鉄の需要は日清戦争以前の二倍に達しており、将来外国品と競争するならば、施設規模を大きくする他に手立てはないと意見書を出され、製鉄から製品の製造までを一つの敷地内で行う「銑鋼一貫製鉄所」を造ることに計画変更されたのでございます。そのために尾倉地区に二十万坪の追加要求となったのです。

驚いたのは寝耳に水の尾倉の人たちで、「住宅地もなくなり、全耕地も失ってしまう。生活すべてを奪うのか」「百姓をバカにしている」「政府は詐欺師だ」「話が違う」と激高して、元照寺に立て籠もり抗議の声を上げたのです。「芳賀村長にだまされた！」「政府のまわし者の村長を殺す！」と口々に叫び、殴り込みをかけようと飛び出す人たちもいました。芳賀は国と村民との板ばさみになりながらも、芳賀にまかせてくれと、少しでも村民の痛みを軽くしたいとただちに当局との談判に奔走いたします。そして、創立委員長長谷川芳之助の「廉価買収の補償として、他日相当の御茶代を提供するよう、研究努力いたそう」（嶺乾一『八幡製鐵創世記』八幡製鉄創世記刊行領布会）という約束を取りつけ、さらに芳賀は、「軍防のことは、国家の急務なり」と明治天皇が勅下されたことであるから、了解し協力してほしいと説得してまわりました。その熱意に動かされた村民は、渋々ではありますが了承し、土地の件がやっと落ち着いたのでした。

芳賀の並々ならぬ苦労と努力が認められ、明治三十年八月二十日付の農商務大臣大隈重信から芳賀宛に贈られた感謝状がございます。

拝啓　陳者曩《さき》ニ製鐵所創設ニ際シ貴下ノ斡旋盡力ニ依リ該用地買上等ニ就キ幾多ノ便宜ヲ得タルハ深ク拙者ノ満足スル所ナリ仍《よっ》テ茲《ここ》ニ感謝ノ意ヲ表シ尚ホ将来益々該事業ノタメ盡瘁《じんすい》アランコト邦家ノ為メ希望ノ至ニ堪ヘズ候　敬具

（一柳正樹『官営製鉄所物語』鉄鋼新聞社）

芳賀は村の委員や有志と共に感涙し、村長室に掲げて励みとしておりました。

土地問題も落ち着き工事が始まると、技監や技師など技術者だけでなく、仕事を求めて八幡村に大勢の人が集って来ました。翌年には二千人を超えましたが、まだ工事には人員が必要でした。官舎や合宿所は一応準備しておりましたが、日毎に増える人数に追い着きません。村民で目先の効く者は、土地の買上げ金を元に家を新築したり建て増ししたり、あるいは物置を改造して貸家を造ったり、職工を一時収容するための千人小屋（労働下宿）を建てて賃貸したり、または飲食店や旅館を始めたりと、製鉄所関係者を相手に商売を始めておりました。

工事が始まる前は、海岸一帯に葦の生い茂った淋しい僻村だった八幡村は、急速に近代化への道を突き進んで行くのですが、その変化に乗り遅れる村民の方が大半でした。土地を手離した村民は、たとえ地価の半値であっても、一時にまとまったお金を手にしたことで気持ちが大きくなり、浮き足立つのは無理もありません。それを心配した岡田三吾郡長は、「この金は大切なお金であるから注意するように」と、何度も注告しておりました。しかし男たちは夜な夜な馬車や船で若松や芦屋の色街に繰り出して遊び呆け、揚句は騙されて金を巻き上げられ、無一文になった者も少なくなかったようでした。彼らは製鉄所関係で働くか、炭坑へ行くか、はたまた行方がわからなくなった者など、悲喜こもごもの人生模様がくり広げられたのでございます。

急激に人が集まり土地の値打ちが上がってくると、若松や小倉などから無頼の徒が入り込んだり、全国から山師などがやってきて、土地の買い占めに走るようになりました。そうすると製鉄所用地以外の地価は高騰し、半値で買収に協力した村民はおもしろくありません。その不満や怒りを芳賀にぶつけるのでした。国の発展の一大プロジェクトの陰で、多くの村民の人生が振り回されていたのでございます。

さて製鉄所の建設が急ピッチで進んでいくと、国は新たに周辺の整備の要求も出してきます。その一つが、すでに敷設されて運行している九州鉄道の「進路を変えろ」というものでした。門司から小倉へ、さらに山を抜けて大蔵を経由し、製鉄所敷地の南側を走って黒崎と結んでいた既設線路を、小倉から大蔵ではなく、戸畑経由で黒崎と結ぶ海岸通りの路線に変更しろとの要請でした。それは洞海湾を利用して鉱石や石炭、機械設備などを搬入するためであり、さらには製品の鉄鋼や半製品、鉱滓《こうさい》といった重量物の運搬のためには製鉄所により近い路線が必要だというのです。九州鉄道による大がかりな路線変更工事が完了すると、次は戸畑停車場と八幡停車場の設置の要請です。ふたつの駅も明治三十五年十二月二十七日に設置されました。

ここに建設中の東田第一高炉を背にした、集合写真がございます。前列中央に伊藤博文首相、右に和田製鉄所長官、左に井上馨伯爵と並んで腰をかけ、それを囲むように六十名以上の錚々たる顔ぶれが揃っております。平岡浩太郎、安川敬一郎、安川第五郎、長谷川芳之助と製鉄所誘致に尽力した人たち、そして伊藤傳右衛門や麻生太吉など、筑豊石炭王の姿もありました。明治三十三（一九〇〇）年四月二十四日、視察と激励をかねた首相の来訪時の記念写真ですが、国を挙げての期待を製鉄所が背負っていることが一目瞭然でございました。このひと月後の五月三十日に、いよいよ作業開始をいたします。

明治33年、八幡製鉄所建設中の東田第一高炉。伊藤博文首相が視察に来訪した際の記念写真（日本製鉄株式会社八幡製鉄所提供）

〈人物部拡大〉1＝安川敬一郎／2＝長谷川芳之助／3＝平岡浩太郎／4＝井上馨／5＝伊藤博文／6＝和田維四郎／7＝伊藤傳右衛門／8＝麻生太吉

余談ですが、期待はずれは筑豊の石炭で、二瀬炭坑の一部を除いては、ほとんどが品質が合わないからと使用されませんでした。といっても、それで引き下がる炭坑主たちではありません。鉄鉱石も中国大冶《だいや》鉄山《てつざん》から輸入が決まったとき、その代わりに中国は筑豊の石炭を年に三〜四トン輸入するよう約束を取りつけたのでした。転んでもただでは起きないのも、川筋の根性ではないでしょうか。

第一回起業祭

明治三十四年十一月十八日、伏見宮貞愛親王《ふしみのみやさだなるしんのう》をお迎えして八幡製鐵所作業開始式が行われ、芳賀種義も町会総代として参列しました。東京から大蔵駅まで臨時列車を走らせ、国を挙げての祝いの日であります。この日はあいにくの大雪で一面銀世界でしたが、町中に国旗がはためき、軒灯が輝き、各村で煙火を上げたりと官民揃って慶びが漲っておりました。広場にはサーカスや見世物や数百の露店が並び、「景気づけに呼んだ大相撲常陸山一行三百人はふぶきの中で興行」(『八幡製鉄物語』)したのでした。十八日から三日間は工場見学も許され、大勢の人で賑わいました。その後、この日を起業祭と呼び、八幡市の祭りとして盛大に催されることになるのでございます。

ところがその喜びもつかの間で、作業は開始したものの高炉に不具合が発生して、鉄が出て来ません。鉄を造るにはまず酸化した鉄鉱石を原料に、石灰石を加えて焼き固めた焼結鉱《しょうけっこう》を造り、それに石炭を蒸焼きにしたコークスを高炉に交互に入れながら、熱風を吹き込みます。二〇〇〇度くらいになると、酸素が分離して鉄になる仕組みになっていたのですが……。ついに翌三十五年七月二十七日に作業中止命令が出され、高炉の火が消えたのでした。

作業が中止になり、いつ開始になるのか目処もたたぬまま働く人は去っていき、村人が経営していた下宿や貸家からも人が去って、空家が目立つようになりました。おまけに銀行も閉鎖してしまい、周辺の店舗は次つぎと倒産していました。噂では、もう八幡はあきらめて呉の砲兵工廠と合併するという話も聞こえてきます。「土地を返せ」と村民の不満は芳賀らに向けられ、追い詰められていきました。しかし、ここで諦めてはいけないと平岡、安川、芳賀らの発起人たちは、必死に存続を訴え運動します。芳賀種義はこのとき、代々庄屋の家をつぶし、その後は鉄くず拾いなどして細々と暮らしているとの噂も聞こえてきました。

幸いにも、高炉の不具合は熱風の吹き込み口であります「羽口」の内径が、微妙に広すぎたことが原因とわかり、二年後の明治三十六年十月二十一日には再稼動となり、関係者は胸をなで下ろしました。それどころか翌年二月十日の日露戦争の宣戦布告によって、鉄の生産は大躍進を果たしたのでございます。戦艦をはじめ鉄道、建築、造船、橋梁など、明治の近代化を進める鋼材のほとんどが八幡から供給されることとなりました。工場は次つぎと拡張されて生産は増大し、十年後には黒字化され、世界に冠たる八幡の存在を確立して行きます。

明治四十三年には一三六本の煙突が八幡の空に林立して、そのもうもうと立ち上る煙を朝夕誇らしく眺めながら、人々は日々暮らしておりましたが、八幡の雀は黒いとか、鼻の穴が黒いのは八幡の住民の印などと、他所の人たちは揶揄しておりました。明治二十二（一八八九）年の八幡村施行時には戸数三五一戸、人口一二二九人でしたが、明治三十三年に六四六〇人まで増加して町となり、大正五（一九一六）年には七万八〇九〇人、翌六年に八万四六八二人になり八幡市となりました。昭和十八年には二十七万八六一〇人と増え続け、その八割が製鉄関係者とその家族に占められておりました。商店街も製鉄従業員を対象に商いをし、市民の水道、土木、衛生、社会のすべてが製鉄所の力で整備運営されるという、特異な企業城下町が形成されていったのでございます。

製鉄所誘致に力を注ぎ身代までつぎ込んだ芳賀種義は、昭和十四（一九三九）年に七十七歳の生涯を閉じました。没後三十三回忌を迎えた昭和四十七年四月のこと、往時の八幡村の中心地であります熊本山（高炉台公園）に高炉のレプリカを背景として、農商務大臣大隈重信から明治三十年に贈られた感謝状の写しと、「村長として身命を賭し、幾多の困難を排して、鉄都八幡隆昌の基を拓いた功績を讃え」と碑文が刻まれ、八幡ロータリークラブによって、芳賀種義の顕彰碑が建立されました。誘致に踏み出してから七十五年経つ八幡の移り変わりを、熊本山から眺めているのでしょうか。

岩崎炭坑水非常

八幡村に建設されていた官営製鉄所の火入式が、明治三十四（一九〇一）年二月五日に行われ、余韻も醒めやらぬ七月十五日午前七時、香月村と長津村にまたがる岩崎炭坑で、六十九名が溺死する大惨事が起こったのでございます。この年は梅雨の終わりに長雨が続き、豪雨も重なって各地で川の増水や氾濫が多発しており、九州鉄道でも遠賀川駅と赤間駅の間では、崩壊した土石によって線路が埋まり不通になるなど、被害が出ておりました。

岩崎炭坑は岩崎久米吉によって明治二十八年四月に池田炭坑として開坑され、次いで黒川坑（土手の内）、深坂、香月と坑区を拡大していきます。掘った石炭は坑口に近い黒川に積込場を作って川艜に移し、中間唐戸を通って堀川を下り、若松へ運んでおりました。定約船が五五〇艘、炭坑所有が六〇艘、合わせて六一〇艘で運搬する中堅炭坑でした。

しかし、黒川に隣接しているという、運送には便利な地の利が災いして、七月十五日に黒川が氾濫して土堤が決壊すると、一気に濁流が坑口に流れ込んだのでした。岩崎炭坑には東西に二つの坑口があり、そのとき坑内では九十二人が就業しておりましたが、東坑口から脱出した二十三名は助かり、西坑口の六十九名は全員水に呑まれて溺死したのでした。

翌日から坑主の岩崎久米吉を先頭に、全員で遺体の引き上げと復旧工事に、寝食も忘れて全力を注いでおりましたが、全員の遺体の引き上げが終わったのは、四カ月以上経った十一月二十二日でした。八幡では起業祭で町中が浮き立っているとき、産業発展を支える炭坑では坑夫が命を落とし、遺族は悲しみの涙を流していたのでございます。

事故の翌年、岩崎久米吉は事務所の向かいにあるお大師山に、事故の殉職者を弔う殉難碑を建立いたします。碑石には「變死者合祀之墓」と刻まれておりました。二月十一日各宗の住職十八名を招いて建碑式が行われ、翌日は出店も並び操り人形や歌舞伎などの舞台もあって、盛大に慰霊祭が催されました。その後、碑石の周囲には桜を植え、従業員やその家族の鎮魂の場となり、また憩いの場となるようにと、岩崎は願いを込めました。碑文には事故の経過を記し、決して風化させないように原点に還る場所でもありました。

岩崎久米吉は大正十二（一九二三）年六月に逝き、遺言によって本邸全てを中間市の役場用に寄贈され、別邸は公民館として改造されて、長く使用されておりました。

いまも殉難碑は旧香月線岩崎駅前の小高い丘の上にあり、炭坑も消え、堀川に川艜の姿もなく、香月線のレールも消えた町の一隅にひっそりと建ち、かつて悲惨な炭坑災害があったことを知らせているのです。

遠賀川水源地ポンプ室

中間唐戸から堀川を百メートルほど上流に行くと、遠賀川東岸に赤レンガ造りの遠賀川水源地ポンプ室が見えてきます。設置されたのは、明治四十三（一九一〇）年三月でした。底井野村下大隈の枝郷土手ノ内で、土地の人は一本松と呼んでいたところです。言い伝えによると下大隈は、むかし大洪水のとき遠賀川上流の鞍手郡上大隈の人たちが流されてきて、この地を開拓して住みつき名づけたと聞いております。文政三（一八二一）年の記録には下大隈村七十五軒のうち、土手ノ内は十軒と書いてありました。

土手ノ内は山林が多く、また堀川、笹尾川、黒川の三つの川が遠賀川と合流するところで、毎年長雨になると川水が溢れて、必ず水没する被害が起きており、免租地に指定された水損村で、かつては狐狸の巣窟であったと言われています。

このポンプ室は、製鉄の際に使用する水を遠賀川から汲み上げて、八幡製鐵所に送るために設置されました。鉄の冷却や高炉周辺の粉じん対策の水撒き用など、鉄づくりに水は欠かせないのです。

製鉄所創業時の計画では、取水は八幡村の板櫃川《いたびつがわ》大蔵貯水池で充分であるとの判断だったのですが、明治三十九年に始まる第一期拡張計画では、年間生産目標量を一八万トンに定めると、一日六〇万立方メートルの水が必要となり、水量豊富な遠賀川に白刃の矢が立てられたのでございます。ポンプ室の設置場所は、満潮時に芦屋から海水が逆流しても届かない地点であることが第一の条件でした。まず真水が取水できなければ工業用水として不向きのため、灌漑用水口である中間唐戸よりさらに上流であること。同時に、ポンプ設置の重量に耐える地盤が必要であり、この地は岩盤地で水門の上流にあることから、最適と判断されました。

測量も終わり明治三十九年七月から工事が開始されました。何よりの難工事は高さ一五〜一八メートルもある岩山を砕き、さらに深さ一〇メートルまで掘り下げる仕事でした。岩盤に仕掛けたダイナマイトの爆発音が川面をゆさぶり、空気を切り裂いて終日響き渡っておりました。ポンプ室は明治四十二年九月に竣工し、併せて電燈を引いたり従業員の住む長屋も整え、翌年十二月にいよいよ操業開始です。水は遠賀川に掘った井戸からパイプでポンプ室に送り、送水ポンプ四台で上ノ原調整池へ送っておりました。

八幡製鐵所の鋼材生産量は明治四十三年には国内の九〇パーセントを占めるまでに発展し、まさに日本の産業近代化を牽引する原動力となっており、ポンプ室はそれを陰で支えていたのです。昭和五年、中島東岸とポンプ室側の遠賀川右岸に新設された取水塔の間に、堰板四十一枚を並立した堰が完成し、埋設されたパイプから取水された水は、一旦ポンプ室横の沈殿池で土砂やゴミを取り除き、一一・四キロメートル先の上津役村の上ノ原調整池に送られます。遠賀川は炭坑地帯を貫流しているため水質は悪水で濁度が高いため、上ノ原調整池で沈殿調整して、鬼ヶ原配水場へ送られて、各工場へと送水されます。

さてこの水ですが、製鉄所が遠賀川から取水していることを知った若松町から、分水の要請がありました。その訳は、若松に寄港する外国船の数も増えてくると、コレラなどの感染症が広がるおそれがあり、それで安心して飲める水が欲しいと、前々から願っていたとのことでした。溶鉱炉の火入式に参列した井上馨は若松の実情を耳にして、若松が困っているならその水を分けて上水道を造ったらどうか、と言ったようで、その一言で決まったとのことでした。

水は戸畑構内まで来ておりましたので、牧山に浄水場を造り海底に鉄管を沈設して、葛島から若松の岬の山まで洞海湾を横断して運ばれております。若松だけでなく八幡や戸畑の住民にも、遠賀川の水は上水道として役立っているのです。

一本松に設置されたポンプ室ですが、汽動（蒸気）ポンプ四台と石炭ボイラー八基で稼動しておりました。燃料である石炭が運ばれて来ると、ポンプ室前の空地に積み上げられたのち、トロッコで建物内に運び込んで使用します。石炭は二十四時間体制で、休みなくボイラーに投げ込まれ、四七メートルもある高い煙突からは昼夜黒い煙が吹き上げられ、ポンプはシュッシュッと蒸気機関車のような力づよい音を響かせて、一日中地鳴りのように周辺を震わせておりました。

ポンプ室には五十人ほどが働いており、工場の敷地内には職員住宅があり、まわりに棟続きの職工長屋が建ち並んで、集落を形成しておりました。三交代勤務の男たちは勤務が終わると、石炭の煤で顔も作業着もまっ黒にして、浴場に行く姿も見えました。かつて家が十軒しかなかった水損村に社宅が建ち、次第に家族も増えて、子どもたちの歓声がボイラーの音に負けじ

昭和33年当時の「八幡製鐵所遠賀川水源地」ポンプ室入口

と空に弾けておりました。イギリス積み赤レンガ造りの近代的建物は、まるで中世のお城のように、川面を見下ろしながら活気に満ちていたのでございます。

とはいえ光があれば、影も生まれます。製鉄所は毎日大量の水を遠賀川から吸い上げるため、西岸の浅木村や島門村（共に遠賀町）は設けていた塩田堰からの灌漑用水が乏しくなり、下流域東岸の二村（水巻）の農民は、水が流れなくなったと中島で座り込みを始めます。毎年稲田が枯れて食う米すら不足するようになり、困り果てた村の人たちは再三、役場や製鉄所に陳情に行っておりました。製鉄所も無視していたわけではなく、塩田堰を修築したり、砂堰を築いたりしたのですが導水は戻らず、そのうえ芦屋から逆流した塩水まで流れ込んで被害が出るなど、改善されないまま年月が流れておりました。

しかし、昭和二（一九二七）年に着任した製鉄所長官はそのことを聞くと、「永久不変の導水工事の計画案を作れ」と土木部長に命じます。考えられたのが中島の製鉄所取水口と塩田堰を結ぶ二〇〇メートルに、鋼矢板を深く埋め込んで送水路を造る計画でした。昭和五年に中島西岸と遠賀川西岸に用水を分流する堰が完成し、村民の苦しみは二十年経ってようやく解決したのです。その用水路とは、いまも遠賀川西岸を流れる神田川として残っております。

一方その計画を知った河口芦屋町の町長と石炭艀《はしけ》の組合長から、川を堰き止められては石炭を運ぶ川艜が通れなくなり、われわれ組合員にとって死活問題であると、強い坑議の声が上がります。やむなく製鉄所は中島から東岸までの堰を川艜が通れるように一部開放したり、魚道も設けるなどして、一件落着いたしました。

昭和二十五（一九五〇）年にポンプ室はボイラーから十一台の電動ポンプに切り換わり、石炭関連施設はとり壊されました。土手の内名物になっていた煙突も撤去され、社宅も壊され、子どもたちの歓声も人の気配も消えてしまいました。それでもポンプ室は黙々と動き続け、いまも製鉄所へ工業用水の七〇パーセントを送り続けています。

赤レンガを彩るように蔦が生い茂り、どこか威厳さえ感じられる遠賀川水源地ポンプ室は、平成二十七（二〇一五）年に明治日本の産業革命遺産群の一つとして世界遺産に登録されたのでございます。

そして元号も令和となった二〇一九年五月二十五日、八幡製鐵所の工業用水や飲料水の取水にも役立った中島の堰ですが、一〇〇メートルほど上流に、より安全な「起伏式堰」に生まれ変わりまして、水と共生する新しい時代が始まったのでございます。

伊藤傳右衛門

叩き上げの実業家

伊藤傳右衛門が遠賀郡長津村（現中間市）中鶴三軒家の炭坑を取得して、遠賀郡に初めて進出いたしましたのは明治三十八（一九〇五）年十一月で、三十五歳のときでした。三軒家とは堀川と遠賀川に挟まれた丘陵地で、人家が三軒しかなかったことからそう呼ばれていた畑地のことです。

傳右衛門が取得した炭坑は坑主が次つぎと代り、直方の貝島太助も一時露天掘りをしておりましたが、見込みがないとサジを投げたところで、傳右衛門に「あそこはやめた方がいい」と注告していた場所でした。飯塚の麻生太吉まで口を揃えて反対しましたが、傳右衛門はそれを押し切って手に入れた炭坑でした。案の定、粗悪な石炭しか出てきません。そのうえ、以前その炭坑で働いていたという納屋頭から、「俺たちのヤマを他所者《よそもの》に渡してたまるか」と命を狙われる嫌がらせも続きました。

それでも傳右衛門は、「他人が不可能と思う危険なところにこそ、甘い蜜がある」という自分の経営理念を信じて、踏み留まります。

ここで少しの間、長津村に進出するまでの傳右衛門の生い立ちをかいつまんでお話しいたしましょう。

伊藤傳右衛門は万延元（一八六〇）年十一月二十六日、穂波郡幸袋村で生まれました。その年の三月三日に桜田門外の変が起こっており、激動の時代の幕開けの年でありました。母は六歳のときに他界し、父伝六は明治になるまで目明《めあか》しとして、十手《じって》捕縄《ほじょう》を預かっておりました。維新の後は本業の魚問屋に戻り、細々と暮らしていたと聞いております。傳右衛門も幼いころから魚の行商をしたり、農家の手伝いや洋服屋の丁稚奉公などして伝六を助けていました。それでも家計は火の車で、寺子屋へも行けず、着物も一枚きりで何年も過ごしていたといいます。しかし、傳右衛門は物覚えが良くて、仕事ぶりも真面目で、誰からも可愛がられておりました。

一方、父伝六は早くから石炭に目を向けて、山野を歩いては石炭の露頭を見つけると、狸掘りをしては失敗し、また狸掘りをするなど繰り返しておりました。傳右衛門も幼いころから伝六に連れられて、手伝いながら炭層や炭質などを見極める目を身につけていったようでございます。

傳右衛門は十五歳のとき川船船頭になって働いておりましたが、明治十（一八七七）年、西南の役が起こり、軍夫の募集がありました。日給は五十銭で船頭の二倍はあると聞き、志願したのは十七歳のときでした。戦場で敵味方の弾丸が飛び交うなかを、弾丸の箱を背負って官軍の鎮台兵一人ひとりに配って歩く、危険な仕事でした。九月二十四日の西郷隆盛の自決によって西南の役は終わり、傳右衛門は再び川船船頭に戻ります。

明治十二（一八七九）年春、嘉麻郡穂波村の郡長をしていた松本潜《ひそむ》（安川敬一郎次兄）は相田炭坑を再稼動するため、中野徳次郎と伊藤伝六に共同経営の声をかけます。松本潜は福岡藩時代に石炭仕組法を作成した松本左内の養子で、石炭経営を周知しておりました。伝六は目明しの経験から住民とは顔見知りで、そのうえ土地勘もあって潜にとっては重宝な存在でした。傳右衛門も伝六を助けて、坑内で働いていたといいます。

五年後の明治十七年になると伝六は潜の援助を得て、傳右衛門と共に伊岐須《いぎす》炭坑を開坑して、初めて自分の炭坑を持ったのでした。明治二十一年十月二十四日、二十九歳になった傳右衛門は、士族辻徳八の娘ハルと結婚いたします。明治二十五（一八九二）年に新相田炭坑を伝六と松本健次郎、中野徳次郎の三人で共同経営を始めますが、のちに傳右衛門と徳次郎ふたりの共同経営に変わります。明治二十七、八年の日清戦争では、すでに幸袋まで筑豊興業鉄道も開通したこともあって、傳右衛門は莫大な富を手に入れ、炭坑主としての基礎を築いたのでございます。

そのころ遠賀郡八幡村では製鉄所の建設が進んでおり、燃料の石炭はどこの炭坑のものが適しているか、品質の調査が進められておりました。その結果は安川敬一郎と松本潜共同経営の高雄炭坑と、広岡浅子経営の潤野炭坑が選ばれたのでした。

さっそく、製鉄所からこの二坑に対して買い上げの申し入れがありましたが、松本潜は売却することを迷っておりました。筑豊の出炭量は全国の五三パーセントを占め、掘っても掘っても追いつかないほどの最盛期を迎えていたのです。しかし、国のためと涙をのんで高雄炭坑を手放した松本潜ですが、その売却金百三十万円の大半を、これまで苦労を共にしてきた伝六と中野徳次郎に分配したのでございます。その分配金を元手に中野徳次郎と傳右衛門で牟田炭坑を開坑しました。

ところが牟田炭坑は粗悪な三尺炭層で、中野はサジを投げておりました。そこで傳右衛門は、もう一つの共同経営の新相田炭坑を中野に渡して身を引き、かわりに牟田炭坑を単独で経営することにしたのです。ところがその後、牟田炭坑は良質の炭層に着炭して巨万の富を産み、傳右衛門は炭坑主として確固たる地盤を築いていきました。

傳右衛門は身長一七四センチで筋骨隆々のがっしりした体格で、酒はあまり飲まず無口な人でした。趣味といえば義太夫や浄瑠璃が好きで、人情や世渡りの知恵をそこから学んだといいます。寺子屋にも行けなかったので読み書きは不得意でしたが、計算は速く沈着冷静で真面目な人柄であったと聞きました。

筑豊御三家に次ぐ炭坑主として、五本の指に入るまで頭角を現してきた傳右衛門は、明治三十四年一月、嘉穂銀行の取締役をしていた中野徳次郎が衆議員選挙に出馬したため、その後任に就任します。さらに明治三十六年三月一日の第八回総選挙に立候補して当選し、同四十一年までの六年間、代議士も務めておりました。その間の功績といえば、政府が「鉱業法」を改定したとき、鉱業税は百分の十五と定めていたのを、百分の十まで引き下げる交渉をすすめて採択させたことでしょうか。

その衆議員任期中の明治三十八年十一月、十七銀行の取締役に就任いたします。そこで担保物件となっていた長津村の中鶴坑との運命的な出会いが待っておりました。また複数の銀行の役員になっていたことが、のちに福岡銀行の誕生に幸いすることになるのでございます。

中鶴炭坑

貝島太助の忠告したとおり中鶴の石炭は質が悪く、辛抱が続いておりました。ところが十カ月経った九月のこと、傳右衛門の信じたとおり、良質の炭層に着炭いたします。その後、中鶴炭坑は傳右衛門経営の中軸炭坑へと発展し、堀川筋の繁栄をもたらす要になるのでございます。

すでに鉄道も若松から桂川まで開通しており、中間駅も近くに設置されて堀川の対岸を走っておりました。それでも中鶴炭坑の石炭は、まるで坑内を流れているような堀川に積込場を設けて、川艜で若松まで運んでおりました。明治四十三年に船主と契約した定約船は、二六五艘を数えております。坑口から捲揚機で運びだされた石炭は、一五〇メートルほど離れた選炭場で上炭やボタなどに選り分け、エンドレスロープで積込場に運ばれて、川艜に積み替えられておりました。中鶴から岩瀬の伏越を越え、吉田の車返、折尾を下って洞海湾に出ると、若松港へ向かいます。

数年前までは人家も三軒と言われた丘陵地は急速に削られて、炭坑関係の事務所や機械・修繕などの工場が建ち、一棟に二十二世帯入るわら葺の棟割長屋《むねわりながや》が四十三棟、職員用の舎宅が二十棟整然と並び、ほかにも風呂場や販売所、診療所も備えた中鶴炭坑専用の町が、堀川沿いに形成されていきました。不夜城のように照明が輝き、エンドレスロープの回転音が二十四時間休みなく四囲をふるわせ、村人に威圧を与え羨望をかきたてます。

中鶴炭坑のシンボルといえば、鉄板煙突二本を明治四十二年二月に建て替えた高さ三五メートル、円経四メートルのレンガ造りの赤い煙突二本でしょうか。遠くからでも一目でわかり、川艜の航行目印にもなっていました。当時巷では、「赤い煙突目当てに行けば、米のまんまがあばれ食い」と口から口へと伝わっていき、噂を聞いて各地から多勢の人々が職を求めて流れ着いておりました。炭坑は裸一貫でも着いたその日から仕事も住むところも心配のない、母なるふところとでも言いましょうか、食うに困らない命の受け皿だったのでございます。

中鶴炭坑が開坑された明治三十八年の長津村は五八八戸二二二三人でしたが、三年後には一二九九戸五五九六人と倍以上の人口増になり、まだ毎日のように増え続けておりました。

明治四十一年には新手炭坑（第二中鶴坑）を開坑して規模の拡大にともない出炭量も増加すると、川艜では輸送が追いつかなくなり、同四十三年に中間駅に接続する運炭鉄道を敷設して、船と鉄道による輸送ルートも整いました。大正九年にはのちの中鶴本坑となる大根土炭坑を開坑して香月線で送炭し、筑豊における出炭量も貝島に次ぐ二位を占めるまでに成長いたします。

筑豊ご三家に次ぐ炭坑王として五本の指に入る基盤を、中鶴炭坑で築いて行くのでした。

妻の死と白蓮との結婚

仕事は順風満帆な傳右衛門でしたが、明治四十三（一九一〇）年五月十六日、妻ハルを亡くします。翌年二月二十二日に五十になった傳右衛門はまわりの薦めに押され、一児を嫁ぎ先に残して家に戻っていた伯爵令嬢柳原《やなぎわら》燁子《あきこ》（白蓮）二十七歳と再婚しました。しかし育った生活環境や生き方の違いなどもあり、婚姻生活は十年で破綻いたします。ここまではよくある話ですが、燁子は思いもよらない行動をいたします。大正十（一九二一）年十月二十三日付の「大阪朝日新聞」に、燁子の傳右衛門宛の絶縁状が掲載されたのでございます。

「私は今あなたの妻として最後の手紙を差上げます」で始まる燁子からの「絶縁状」は、憂いを含んだ横顔の写真を添えて、新聞の第二面に大きく掲載されました。内容は、傳右衛門との結婚に期待し努力しようと決心して九州に来たけれど、期待はすべて裏切られ、努力も水泡に帰したと訴えます。「私は折々我身の不幸を儚なむで死を考へた事もありました。（略）其の不遇なる運命を慰むるものは只歌と詩のみでありました。（略）しかし幸にして私にはひとりの愛する人が與へられ、そして私はその愛によつて今復活しやうとしてをるのであります」

その愛する人とは、熊本県出身で東京大学三年生の宮崎龍介でした。燁子の処女作である戯曲「指鬘外道《しまんげどう》」を出版するため編集スタッフとして打ち合わせに来た青年と、恋に落ちたのでした。末尾には「金力を以て女性の人格的尊厳を無視する貴方に永久の決別《わかれ》を告げます」と、二十一日の日付と「伊藤傳右衛門様宛　燁子」とありました。そのとき燁子は、すでに龍介の子を宿していたのでございます。

燁子の突然の絶縁状を新聞紙上で知った傳右衛門は、青天の霹靂でございました。二人は揃って上京し、用事があるという燁子を残して、傳右衛門は一足先に京都の宿で、燁子の異母兄であります柳原義光伯爵と会っていたところでした。

二十五日付の「大阪毎日新聞」に「絶縁状を読みて燁子に与う」と題した傳右衛門の反駁文が、四回に分けて連載されます。「燁子！　お前が俺に送った絶縁状といふものは随分思ひ切つて侮辱したものだ。見る人に依つたら伊藤は女の筆で殺されたと云ふだろう。妻から夫に離縁状を叩き付けたと云ふ事も始めてなら本人の手に渡らない前に堂々と新聞紙に現はれたと云ふのも不思議な事だ」。

さらに、燁子の自尊心と持病のヒステリーで此十年、どのくらい俺を苦しめたことか、そのあれこれを事例を挙げます。主婦として経験も能力もないのを棚に上げて、嫉妬、金の浪費、平民への差別など、「少し叱るとお前は直ぐ頭痛がする、感冒《かぜ》をひいた、眩暈がすると云つて瀟々と泣いては二日でも三日でも寝た。（中略）お前は虚偽の生活を去つて、真実につく時が来たといふが、厭なものなら一日にして去ることも出来る、何の為に十年といふ永い忍従が必要であつたのか」、そして長い反駁文は「俺の一生の中で最も苦しかつた十年を一場の夢と見て生れ変つた心算で総

伊藤傳右衛門と柳原燁子（白蓮）の結婚写真（明治 44 年／中間市教育委員会提供）

大阪朝日

良人傳右衛門氏に送った
燁子の絶縁状の全文
愛なき結婚と夫の無理解が生んだ
妻の苦痛と悲惨の告白

最近の燁子

絶縁状の手答は
餘程前から出來てゐた
嚴粛な覺悟

燁子から傳右衛門への「絶縁状」が掲載された「大阪朝日新聞」の記事（大正10年10月23日掲載）

てを立直そう」という傳右衛門の決意表明でもありました。

燁子の「絶縁状」は賛否両論に分かれた意見で喧《かしま》しく、しばらくその話題で世間を賑わせておりましたが、傳右衛門の「反駁文」はほとんど無視されていたように思います。

その後、傳右衛門は一族の者に、「末代まで一言の弁明は無用」と言い渡します。それでも怒りがおさまらずにいきり立つヤマの男たちには、「一度は惚れたおなごじゃ、絶対に手出しは許さん」と、動じなかったと聞いております。

実際傳右衛門は遊郭に入り浸ることも多く、また妾である女中頭が家を取り仕切っており、燁子と対立して妻である燁子の方が家を追い出されるなど、その女性関係と自身の立場に燁子は苦しめられていたのですが、この堀川筋では、燁子に対して我儘であるとか、夫がある身で他の男の子を妊娠するなど節操のない女だと非難しておりました。傳右衛門に対してはその懐の大きさを賞賛していたように思います。何しろ川筋の男は粗野だ教養がないと燁子に非難されたことは、すべての炭坑の男たちにとっては、まるで自分が言われたのと同じで、口惜しく腹立たしかったのでございましょう。それに加えて傳右衛門の人柄でしょうか。当時は筑豊のあちこちで悪制炭坑の噂が聞こえるなかで、傳右衛門のヤマは家庭的な雰囲気で、労使というより親と子のような連帯感があったと聞いております。のちに家庭的な経営の甘さが命取りになるのですが、それはまた後ほどお話しいたしましょう。

昭和二十一年に、この柳原白蓮こと燁子をモデルにした映画「麗人」が、中間市昭和町の毎日館で封切られたときは、ヤマの男たちがスクラムを組んで映画館を取り囲み、観客を入れなかったというエピソードが地元に語りつがれております。傳右衛門の名誉を護る、そんな思いがあったのでしょうか。

戦争と炭坑事故

伊藤傳右衛門は二瀬の牟田炭坑を基盤に、明治三十八年に中鶴炭坑、同四十一年に第二新手坑を取得し、さらに鞍手郡西川村（現鞍手町）に泉水《せんすい》炭坑を開坑して坑区を拡大して行きます。大正二年には四〇万トンを出炭し、麻生太吉に次ぐ二位の座を占めるまでになっておりました。しかし、傳右衛門には悩みがありました。これまでは若松の石炭商に委託していた販売ですが、出炭量が増えれば増えるほど対応ができなくなっていたのです。「安川・松本商店」のように、採掘と販売が自社でできないものか、模索しておりました。

そんなとき若松の古河鉱業から「販売については責任を持つから」、と共同経営の申し入れがありました。古河鉱業は明治八年に古河市兵衛が草倉銅山を、同十年に足尾銅山経営に成功したことに始まるといわれ、銅の精錬のために必要な原料炭確保のため、炭鉱業も手がけるようになっておりました。明治二十七年には炭坑経営で筑豊にも進出して、石炭の採掘販売の事業も拡大していきます。古河鉱業はすでにそのころ若松の石炭問屋二十社の内に、三井物産・三菱鉱業・安川松本商店などと名を連ねておりました。

ところが明治末から大正に時代が移る頃から、古河の販売力は好調なのに出炭量は低迷していきます。その打開策として「頻りに新坑の物色、他所炭の販売に熱意を沸騰させて居た」(「古河虎之助君伝」〈『中間市史』中巻〉)時期で、ちょうど販売強化を模索していた傳右衛門の思いと一致し、炭坑経営は傳右衛門側、販売関係は古河鉱業が担当することで合意いたします。大正三(一九一四)年五月五日、大正鉱業株式会社が誕生いたします。

この年に第一次世界大戦が始まり、石炭は飛ぶように売れますが、戦争が終結すると急速に需要は落ち込み、閉山が続きました。戦争があれば増産を迫られ、復興でまた増産を迫られる炭坑は、炭層を求めてさらに地下深く深く掘り進んで行くのですが、深くなればなるほどガスと水の危険は増し、命がけの坑内作業でございます。坑内事故は一人二人の死傷者は日常茶飯事といわれ、記録にも残らないのが普通とされておりました。大正鉱業だけを見ても、大正四年にガス爆発で三十余人死亡。同七年四月に中鶴新坑でガス爆発により二十七人死亡、重軽傷者四十七人。同八年九月に中鶴で斜坑出水事故、十一人死亡、同十一年四月に中鶴一坑でガス爆発、同十五年四月に中鶴一坑で坑内火災と事故は続きます。さらに同十六年六月の水害によって中鶴坑は水没し、この事故が影響して大正鉱業は財政困難に陥っていくことになるのでございます。

昭和八年に麻生太吉が亡くなり、傳右衛門は後任として嘉穂銀行の頭取に就任いたします。翌九年には安川敬一郎が八十六歳で逝き、貝島太助は大正五年に失っておりますので、筑豊御三家として日本の近代産業発展に貢献した大物たちが姿を消してしまいました。

大正鉱業中鶴本坑（小日向哲也氏提供）

昭和十九（一九四四）年になると、政府は金融統制の一環として、銀行の統廃合を迫ります。福岡県内では十七銀行、筑邦銀行、嘉穂銀行、福岡貯蓄銀行の四銀行を統合しろとの命令です。しかし、筑邦銀行は強力に反対しておりました。幸いと申しましょうか、ちょうどそのとき、傳右衛門は嘉穂銀行と福岡貯蓄銀行の頭取で、十七銀行は取締役という、三銀行に関係していたことから、筑邦銀行を説得してまとめることができました。

昭和二十年三月三十日に福岡銀行が誕生し、大役を終えた傳右衛門はその後は福銀の一相談役となって、一線を引いたのでございます。

三好徳松

折尾に進出

堀川筋には、大中小から狸掘りまで入れると、五十を数える炭坑があったといわれておりますが、なかでも伊藤傳右衛門と勢力を二分した、三ッ頭出身で一坑夫から身を起こした三好徳松を忘れてはなりません。徳松は、遠賀川と江川が合流する芦屋河口に近い三ッ頭の地に明治二（一八六九）年、小作農の三好茂作と律子の長男として生まれました。家は貧しく茂作は夫婦で近所の農家を手伝ったり、農閑期には炭坑の狸掘りで賃稼ぎをしたりで、どうにか糊口を凌ぐ暮らしをしていたと言います。

徳松が学齢期になっても学校へ通わせるお金はありません。三人の姉は子守奉公へ行き、徳松は茂作の狸掘りに連れて行かれ手伝っておりました。その後も徳松は坑夫として働き、青年期には数人共同で請負仕事をしながら、採炭の知識と力を身につけていきます。二十歳を過ぎた徳松は炭坑経営のイロハを学ぶため三菱鯰田坑《なまずだこう》で働くのですが、まず驚いたのは、そこには坑内の水を苦労して汲み上げていた揚水《ようすい》が蒸気ポンプで難なく行われ、もっこやトロッコで運び出していた石炭も、巻揚機を蒸気で動かすなど機械化されていたのです。徳松は坑内の近代化を大いに学び、炭坑経営の夢と意欲が湧き上がっておりました。

そのころ鯰田坑への行き帰りに、直方で働いていた十八歳のセキと出合い、結婚したのは徳松が二十六歳のときでした。セキは岐阜県恵那郡の生まれで、家は貿易に関係した資産家で、教育も受けた聡明な女性でした。徳松のよき相談相手として、終生支えて行くのでございます。

さて鯰田坑で学び結婚して一家を構えた徳松は、請負業でがむしゃらに働きました。明治二十七年には日清戦争の追い風が吹いて石炭ブームとなり、莫大な財をなして筑豊の新興勢力として頭角を現していきます。明治三十六年に頃末《ころすえ》炭坑を手に入れ、従業員一五〇〇人で三好鉱業を創立します。そのときの水巻町の人口を見ると四二三二人であり、三好鉱業の従業員、家族、関係者を合わせるとその存在の大きさがわかります（「風雲児三好徳松と周辺炭鉱の話」〈「じゃーなる洞南」一九八二年連載〉）。その翌年の二月には日露戦争が起こって石炭はさらに売れに売れ、水巻では伊藤傳右衛門の所有する下二、伊佐座の鉱区以外は、二十坑以上すべて徳松が買収し所有するまでに成長しておりました。坑口から堀川の積込場までエンドレスワイヤーロープがはりめぐらされ、ワイヤーロープに固定された石炭箱が昼も夜も、頭上を休みなく周って運ばれて行きます。明治三十九年には、県下長者番付に名前を連ねるまでになっておりました。

明治四十二年六月、水巻を拠点にしていた徳松は、折尾駅近くに本宅と事務所を建てて移ります。本宅は一万坪の敷地に二五〇坪の居宅がある広大な屋敷で、現在の折尾一、二、三丁目一帯は徳松の所有地でした。同四十四年に吉田片山の高松坑、次いで堀川沿いの折尾坑、大正二年に車返の鳳坑《おおとりこう》を買収します。翌年に第一次世界大戦が起こり、需要に送炭が追いつかず、三好の各炭坑と折尾駅間に送炭エンドレス線を設置して、折尾を拠点に発展していきました。大正七〜八年にかけて戦争特需が続き、徳松も周辺の小炭坑を買収して事業を広げ、絶頂期を迎えます。従業員も、大正十二年には二六〇〇人になっておりました。

折尾は政治・経済・交通の要衝となって、諸官庁も集まって来たこともありますが、三好鉱業など石炭の街として発展して行ったことも忘れてはならないでしょう。折尾駅前から堀川に沿って次つぎと飲食店が建ち並び、夜になると妖しい灯りを川面に映して、坑内で働く男たちを誘います。人の往来も盛んになり、大正七年に折尾村は折尾町になりました。

その翌年、三好鉱業は資本金二〇〇〇万円で「三好鉱業株式会社」を創立。二〇〇〇万の資本金を全額即金で払い込んだことを知った世間は、その底知れぬ財力に度肝を抜かれたものでした。金も名誉も手に入れた五十一歳の徳松は、翌九年の衆議員選挙に立候補して当選し、昭和三(一九二八)年まで二期八年務めます。聡明な妻セキは代議士の夫を支え、選挙のときには一軒一軒訪ねて頭を下げていたといいます。

さて大正十四(一九二五)年には頃末から折尾駅まで石炭専用線を敷設して鉄道輸送を始め、昭和三年には吉田と梅ノ木まで延長します。坑内外すべての機械を電化したのは昭和二年で、世間は不況のさなか、出炭量は二六万トンと飛躍的に伸びておりました。そのころ巷では「三好に行くか、ダラの木に登るか」という言葉が交わされておりました。ダラとはトゲが生えている木で、登ると血まみれになる木で、三好鉱業は圧制ヤマとして知られた炭坑のひとつであったようでございます。

昭和四年に、のちに三好の主力炭坑となる吉田片山炭坑を買収します。坑口近くの忠吉山の高いところに松の巨木が一本立っていて、昔から高松と呼んでいたところです。遠くからでも目印となってすぐわかり、いつしか片山炭坑ではなく、高松炭坑と呼ばれるようになったのでございます。徳松にとっては、松の木は縁起も良い上に自分の名前の一字でもあり、そう呼ばれることに満足していたといいます。

私立折尾高等女学校の誕生

さて三好家には三人の娘がおりました。妻のセキは、女子にも教育は必要だと痛感しておりましたが、子女の教育施設は小倉と直方にあるだけで、折尾にはないことに心を痛めておりました。折尾にも子女の教育施設が必要だと、セキに相談された徳松は学校建設を決心いたします。徳松も貧しかったために学校に行けず、読み書きに苦労しておりましたので、未来を担う若者のためと、女学校の設立を計画いたします。

折尾駅から堀川を溯った字木屋ヶ谷の丘の上に、三好の折尾炭坑の跡地がありました。そこにあった正賢寺には折尾一丁目の三好の私有地に移ってもらい、九五〇〇坪の土地におよそ四〇万円の資金を投入して、私立折尾高等女学校を設立いたします。大正七（一九一八）年四月に第一回入学式を迎え、はかま姿の女学生が折尾駅から堀川に沿って通学する姿は、新しい日本の姿を象徴しているように輝いておりました。いまも堀川の橋の下にかつての女学生の通った道が残っていて、往時を偲ばせてくれます。大正十四年に県に譲渡され、現在は県立折尾高校となって男女共学で学んでおります。

昭和五十一（一九七六）年、県立となって二十周年を記念して、「逍遥歌」（作詞伊馬春部）が作られました。堀川の流れのように十番まで延々と続きます。

三、水ゆたかなる　堀川を　かの筑豊の　黒ダイヤ
　日に夜につぎて　運びたる　川筋の意気　思うべし
四、その堀川の　丘高く　礼節の塔　あきらかに
　われらの胸も　川筋の　青春の血に　たぎるなり

三松園

炭坑の仕事は地下深く閉ざされた地底の作業で、暑さと汗と炭塵にまみれ、そのうえ深くなるほど水とガスとの闘いで、日々事故と背中合わせの命がけの仕事でございます。三好鉱業も

明治三十一年から昭和九年までの間に三〇七名（男二七六名、女三一名）の殉職者を出しております。明治末までは十八名でしたが、規模が大きくなり機械化された昭和にかけて、事故が増大しておりました。豪腕坑主といわれた徳松ですが、一方で信仰心も篤く、石炭で得た金を神社仏閣や学校に寄進しながら、贖罪と心のなぐさめを得ていたかのようでございました。

明治三十五年に多賀神社の一千年祭に一の鳥居を奉納したり、同三十八年には日峯神社の第一鳥居を奉建、昭和四年には鷹見神社の改築に金五五〇〇円と土地三六〇坪余を奉納、同年三ッ頭須賀神社の社殿を再建するなど、他にも記録に残されていないものもあり、数えたらきりがないほどです。しかし、その後も事故は続きます。大正元年に金谷坑の浸水事故で六十三人の死者、同九年には梅ノ木坑で出水事故のため死者二十八人、そして昭和になってすぐ、高松坑でガス爆発が起こり二十七人の殉職者を出しました。

徳松は還暦を迎えた昭和四（一九二九）年十一月三日、三好鉱業の事故で亡くなった人たちの供養のため、三ッ頭に真言宗遍照院を建立いたします。寺の周辺は公園にして、「三松園」と名づけました。三は「三好」の三か「三ッ頭」の三か、それに「徳松」の松でしょうか。遍照院裏山の頂には高さ四メートルの大日如来像と五輪塔を建立し、参道に並ぶ一九〇数体の石仏の一体一体に殉職者の名前と年齢を徳松自らが手書きして、冥福を祈っていたと聞いております。遍照院が建立されたときの祭典は、「近郷近在から、多くの人々がお参りして、その竣工を祝ったもので、お菓子や記念品が出て」（「風雲児三好徳松と周辺炭鉱の話」）大変盛大に行われたと聞きました。いまも裏の境内には無縁仏を葬った石塔が、詣でる人もなく静かに眠っております。

それからわずか二年後の昭和六年八月十三日に、三好徳松は東京で急逝いたします。六十二歳の波乱の人生を閉じたのでございます。死因は定かではありませんが、炭坑犠牲者に対する心痛に苦しんでいたとも耳にいたしました。葬儀は盛大に行われ、自宅から丸尾町の三好墓地までのおよそ七〇〇メートルの間は、花輪で埋め尽くされておりました。

三好鉱業は三年後の昭和九年に、居宅共に日産化学（のちの日本炭鉱）に売却され、「日炭高松炭坑」となって翌年には三倍、昭和十年のさらに四倍以上の増産に励み、第二次世界大戦を支える主力となって活躍いたします。しかしその後の石炭斜陽化に踏ん張りきれず、昭和四十六年に閉山しました。

さて残された妻セキは徳松亡きあともその志を継いで、昭和九年に頃末小学校（水巻町）に校地と木造二階建て十六教室の校舎を寄贈。さらに昭和十三年に則松小学校（八幡西区）に徳松名儀で講堂を寄贈します。郷土の子どもたちへ未来を託したのでしょうか。昭和三十三年十一月二十六日にセキは八十一歳の生涯を閉じました。

徳松の言葉が残されております。則松小学校の式日に招かれてあいさつに立った徳松は、会場を見渡し生徒たちに自分の大きなゴツゴツした掌を見せながら、「おじさんのように、こんなにマメができるように働けば、人間は必ず成功者になれる」と話したそうで、この言葉が口ぐせだったと言います。

水害と遠賀川改修工事

遠賀川は相変わらず大雨の度に氾濫し、民衆も炭坑主も苦しんでおりました。石炭の輸送手段として便利なため川に近い炭坑が多く、氾濫すると坑口に貯炭した石炭が流されるだけでなく、坑内に浸水して災害をひき起こします。明治だけでも記録に残る大雨は、十二年、十五年、十七年、二十二年、二十四年、二十六年、二十八年、三十三年、三十四年、三十七年、三十八年と、洪水に悩まされておりました。なかでも二十四年は前代未聞といわれるほどの豪雨がつづき、至るところで堤防が破壊されて、田畑は何日も水に浸かったままでした。その年はちょうど、筑豊興業鉄道が中間鉄橋の鉄桁の組立途中で、上流から流されてきた舟や家屋、流木などが橋台《きょうだい》に流滞したため、さらに周辺の被害を大きくしたのでした。工事も多くの資材が流された上に、ゴミの撤去に時間を取られ、鉄道完成の期日が大幅に遅れたこともございました。

さらに八幡製鐵所が火入した明治三十四年には、黒川に面した岩崎炭坑で浸水事故が起こり、六十九名の死者を出しております。そして同三十八年七月には大洪水が発生。水位は六・六メートルにもなり、濁流が堤防を破って田畑も民家も一瞬でのみ込まれました。流域の被害は浸水家屋二万一千戸以上、家屋の流出・倒壊一六三戸、死者十二名を出す大被害となりました。

なかでも堀川沿いの道元《どうげん》土手が決壊すると、遠賀川から溢れた水は洪水となって、中間唐戸に流れ込みました。水門は破壊され近くの新手炭坑を巻き込んで、堀川沿いの数十軒の家屋は瞬時に流され、住民は着のみ着のままで逃げまどいました。堀川だけで流出家屋二十九戸、半壊家屋二戸の被害を受け、遠賀川改修工事の緊急性を突きつけた水害の大きさでございました。

暴れ川を何とかしなければと動き出したのは、貝島太助や麻生太吉ら炭坑主でした。彼らが中心となって筑豊五郡の代表による「遠賀川改修工事期成同盟会」が結成され、当時衆議員だった伊藤傳右衛門が中央とのパイプ役となり、明治三十九年三月二十四日の国会でようやく可決されて工事が始まりました。大正四年までの継続事業となり、河床の浚渫、築堤、流れの変更、そして農地の整理も行うという大規模な改修工事となりました。六九・二キロメートルにわたる築堤と掘削、さらに川底の土砂を運ぶために線路を引き蒸気機関車で運び出すという、大がかりなものでした。その土砂で五万坪の新たな土地が造成されて、筑豊の地域発展の礎になったといわれております。

戦争と炭鉱

第一次、二次世界大戦と炭坑

大正三（一九一四）年十一月に第一次世界大戦が始まり、日本は西欧諸国に便乗する形で参戦。石炭は増産増産で飛ぶように売れ、戦争成金が生まれて人々は浮かれ、街には札束が飛び交っておりました。しかしそれも長くは続かず、大正七年十一月に戦争が終結した二年後の十一月、戦後恐慌が襲います。石炭の需要も急速に落ちて、炭坑は休山や閉山に追い込まれて失業者が溢れ、各地で争議が多発しておりました。炭坑だけではございません。八幡製鐵所でも「溶鉱炉の火は消えたり」で知られる賃上げと労働時間短縮を要求してストライキが起こります。

次いで昭和十二（一九三七）年七月七日、中国北京郊外の盧溝橋《ろこうきょう》で日本軍と中国軍が衝突し、日中戦争が始まります。のちに全面戦争となる長い戦争の火蓋が切られたのですが、翌年五月に「国家総動員法」が施行され、いよいよ戦時体制が本格化し、政府は軍需用炭優先の至上命令を出し統制を強めてまいります。「進め一億火の玉だ」、増産しろと一方的に言われても、若い坑夫は次つぎと召集され、炭坑は労働者不足に陥っておりました。慌てた政府は戦地に行った炭坑経験者を一時帰還させるという苦肉の策をとったのですが、焼け石に水でございました。

そこで政府は炭坑労務係を全国はもちろん朝鮮にまで派遣して、労働者を集めます。その結果、昭和十四年十月ごろから朝鮮の集団労働移民が始まりました。さらに同十七年十月二十一日に国は「俘虜派遣規則」を作り、高さおよそ二メートルの板塀の上に有刺鉄線が張られた「俘虜収容所分所」が中鶴炭坑にも開設されました。

俘虜（捕虜）たちは三交代で坑内外の作業をするため、数十人ずつ数珠繋ぎにされて堀川を渡り、六キロメートルほど離れた中鶴三坑（八幡西区上津役）まで歩いて行っておりました。俘虜はオランダ兵が一番多く約六〇〇人、イギリス兵は約二〇〇人、オーストラリア兵は約一〇〇人、アメリカ兵は一人でした。

それは中鶴炭坑だけでなく、日炭高松坑の収容所にも俘虜が配置されて、アメリカ兵七十人、イギリス兵二五〇人、オランダ兵八〇〇人の一一二〇人が作業についておりました。日炭高松坑は三好炭坑を買収して、昭和九年から採炭を開始した日本炭鉱高松営業所で、日炭と呼んでおりました。俘虜たちは祖国の勝利を信じているようで、どこか明るさとゆとりがあり、鍋や缶詰の空き缶でオーケストラを編成して、いつも食後を明るく陽気に過ごしていたと聞いております。

政府は「日本石炭販売会社」を発足させて全炭坑を統率し、国を挙げて石炭確保大運動を展開いたします。「石炭増産強調期間」「戦時非常石炭増産期間」「挙国石炭確保運動」などと期間を限定しては、増産報国のかけ声で「切羽（坑道の先端）は即戦場」と出炭の増加を厳しく迫っておりました。しかしその一方で、人も資材も戦場に取り上げて、さらに、命綱である坑内の陥落を防止するために残していた保安炭柱までも取り払って、出炭に回せと催促するようになったのでございます。

「石炭なくして兵器なく、石炭なくして国防なし」「鶴嘴《つるはし》戦士だ！　鉱業戦士だ！」を合言葉に、国も国民も狂気に走っておりました。

八幡大空襲

北九州地区の一回目の空襲は、昭和十九年六月十六日のことでした。それは日本が初めて本土空襲を受けた日でもありました。次いで二カ月後の八月二十日、そして八幡大空襲と記録された昭和二十年八月八日の空襲です。その日は奇しくも大詔奉戴日《たいしょうほうたいび》で、朝から職場ごとに天皇のお言葉であります大詔を奉読し、戦意高揚をうながす訓辞が行われておりました。最後に、「六日に広島でどえらい新型爆弾が落とされたらしいから、一機でも敵機を見つけたら十分注意し油断するな」と、忠告がありました。

話が終わってまもなく、空襲警報のサイレンがけたたましく鳴り響くと同時に、皿倉山の背後からＢ29戦闘機の編隊が八幡製鐵所方向へ襲来して来る不気味な姿が現れました。一二〇機のＢ29は黒雲のように迫って青空をかき消し、機体からいっせいに筒状の油脂焼夷弾を、まるで驟雨のように降らせました。油脂焼夷弾は屋根にも植え込みにも刃物のようにグサリと突き刺さると、瞬時に炎を吹き上げ街中を火の海に変えたのでございます。

家を焼かれ炎に追われて、防空頭巾を被って逃げ惑う人々が見えます。道路沿いの防空壕はどこも子どもと老人であふれて入れず、別の壕を探して右往左往する人々の背に、油脂焼夷弾は容赦なく直撃し一瞬のうちに炎に包まれて倒れていきました。家に残った成人者は男も女も、毛布や砂袋や箒を手に懸命に消火活動をする姿が見えました。それも油脂の勢いには勝てず、またたく間に木造家屋は黒煙のなかで骨組みだけとなり、やがてパチパチと弾けて崩れ落ちていく光景を、わたくしはいまでも忘れることができません。

Ｂ29の攻撃は十時からおよそ二時間続き、十二時になると、「さてお昼にでもしようか」とでも言うように、勝ち誇っていっせいに去っていきました。

雨が降り始めた街に出ると、八幡製鐵所を取り囲むように栄えた八幡の街は、見渡すかぎり焼け野原となっていつまでもくすぶり続け、息もできないほど煙が充満して視界を遮ります。いたるところに黒焦げの死体が横たわり、荷馬車を引いていたのか、馬もあちこちで黒焦げになっておりました。

「まるで夢遊病者のようにふらふらと歩いている多くの人と出会った。その人達は一様に髪の毛は焼け縮れて、顔は煤で真っ黒になり、衣服はぼろぼろに焼けていた。赤ん坊を背負った女の人が口の中でぼそぼそと子守唄を歌っているのにも出会った。赤ん坊は両手をだらりと下げてぶらぶらしていたので、赤ん坊の顔をのぞきこむと、真っ赤に火ぶくれして、既に息絶えていた」（久野耕一「八幡大空襲」〈「ほっと&Ｈｏｔ」一九八二年八月号、小川企画〉）

命からがら小伊藤山（五〇メートル／八幡東区）の大きな壕に辿り着いてほっとした人々でしたが、四方から降り注ぐアメリカ軍の狂ったような無差別焼夷弾攻撃で壕内に煙が充満し、動員学徒の生徒、引率の教師そして一般市民のおよそ三〇〇人が窒息死したあとで聞きました。この空襲で八幡市の死者一九九六人、負傷者九五六人、家屋消失一万四三八〇戸。焼死者は学校、公園、空き地など各地に山積みされて、幾日もかかって荼毘に付されたのでございます。

その哀しく立ち上る煙がここからも見えておりました。いつの時代でも戦争の理不尽さ、そのむごさに胸の痛む荼毘の煙でございました。

攻撃目標とされた八幡製鐵所でしたが、二回の空襲の経験で重要な書類は柳行李に詰めて、本事務所の防空壕に避難したり、机でできる仕事は構外に疎開していて、難を逃れた部署もございました。工場は鉄板と鉄骨でしたから建物の損傷は少なく済んだものの、死者八十七人（内構外五十人）、重傷者七十四人（同三十人）という被害を受けました。

わたくしたちはこの日を八幡大空襲と言っておりますが、被害は八幡だけではございません。焼夷弾は風にのって洞海湾を渡り、若松の町にも及んでおりました。死者十九人、負傷者五十二人、全焼家屋はおよそ千戸の被害を受けたのでございます。さらには翌九日の原爆投下の目標は小倉市でありましたが、空襲のくすぶる煙で視界が悪く長崎に変更したのだとのちに知り、複雑な思いがいたしておりました。

昭和二十七年に八幡市は小伊藤山を公園にし、犠牲者の慰霊塔を建立いたしました。昭和四十八年から毎年八月八日と盆の三日間、戦争の悲劇を忘れないためと犠牲者慰霊のために、皿倉山の九合目に八の文字に電球が点る「八文字焼き」を行っているのでございます。

終戦から安保闘争

昭和二十年八月十五日、九年におよんだ長い戦争が終わりますと、俘虜たちにはB29から毎日のように物資が投下されました。俘虜の食糧や被服が潤沢になるのを見ていた日本人は、それまで見下していた態度を急変させます。豊富な物資に対して卑屈に頭を下げるようになった姿を見ると、何ともやるせないものがありました。

日本から俘虜や朝鮮人が解放されて、国へ帰って行きました。終戦直前の三月には、九州山口の炭鉱労働者二九万人のうち、朝鮮人八万人、中国人六二〇〇人、俘虜六〇〇〇人と、全労働者の三〇パーセント以上を占めていた外国人労働者が一挙に抜けてしまい、坑内労働は人手不足で立ち行かなくなりました。

さらに敗戦国となった日本に連合軍の調査が入り、多くの戦犯が摘発されました。炭坑の俘虜の扱いに対しても同様で、大正鉱業からは戦犯は出なかったものの、日炭高松では俘虜五〇〇人余が栄養失調になり、収容所の生活に耐えかねて、脱走したおよそ五十三人がリンチや銃殺などで死亡しておりました。俘虜に圧制を加えた身に覚えのある関係者は、報復をおそれて逃亡したり身を隠しておりましたが、結局は捕まり極東裁判に送られて、絞首刑や無期の刑に処せられたのでございます。

その後も連合軍の戦犯調査は続き、会社としても犠牲者の遺体処理には後ろめたさがあり、「戦犯調査員到着前あわてて町営墓地に十字架の墓標を急増し、不始末を糊塗」（『水巻町誌』）いたします。それから四十年後の昭和六十（一九八五）年七月に、当時俘虜だったオランダ兵やその家族が訪問したことをきっかけに、日本各地で亡くなったオランダ兵八一八人も加え、いまも多賀山中腹に建てられた十字架塔の前で犠牲者の追善供養を行っております。

やがて、戦後復興には鉄と石炭が要であると、政府は新たに「救国増産運動」と看板を塗り替えて、炭鉱労働を「地下戦士」「救国戦士」と奨励しました。ところが戦時中の無謀な採掘によって大半の設備は崩壊しており、坑内は荒れ果て機材も揃わない状況でした。何より俘虜や朝鮮人の抜けたあとの人手不足は深刻でした。炭坑は生活面の優遇措置をさまざまに準備して、社宅も風呂も電気も水道もすべて無料で、買い物もツケが利き、娯楽施設も完備などを謳い文句に、引揚者や復員軍人、また農村などから躍起になって呼び込みます。戦後、極端な食料不足で、一般国民は成人一日二合一勺（三一五グラム）の配給と決められ、それも芋、大豆、カボチャなどの代用品が支給されるようになっておりましたが、炭坑労働者には優先的に、特別加配米や食糧が配給されていたのです。北九州に行けば八百の炭坑があって食うに困らないと、職のない人たちが集まって来たのでございます。

しかし彼らのなかには高学歴者や知識人も含まれており、戦前とは様子が違っておりました。戦後の民主主義に目覚めた知識人の間から、対等の労使関係を求める声があがり、労働者の権利闘争へと発展していくのでした。ＧＨＱ（連合軍総司令部）も、労働者の民主化の一つである労働組合の結成を推進します。早くも昭和二十一年二月には大正鉱業連合労働組合が結成され、翌月には職員労働組合、十月には大正鉱業労働組合が結成されて、労働協約も締結されました。翌年からは日本炭鉱労働組合（炭労）の指導のもとで、賃上げや待遇改善など労働者の権利を求めて、度々ストライキを決行するようになり、堀川沿いにも赤旗が翻るようになりました。

昭和二十年九月十七日、枕崎台風が九州を横断して遠賀川が増水し、沿岸一二〇坑が水没します。同二十二年十二月九日には垣生炭坑で死者を出すガス爆発事故が起こり、その六日後に傳右衛門が逝去、二十三日に養嗣子の伊藤八郎が社長に就任しますが、就任早々の二十三年、財閥解体令によって古河鉱業と分離するなど、大正鉱業は戦後の波乱の道を歩き出したのでございます。

戦後の需要は供給を上回り、寄せ集めの労働者ながら一丸となって増産に努めました。昭和二十四年に石炭統制が十七年ぶりに撤廃されると、出炭量は飛躍的に伸びていきます。さらにこの年の五月には天皇自ら筑豊や三池の坑内視察に訪れて鼓舞激励されたことで、「日本は自分たちが支えるのだ」と、いっそう頑張るのでした。そして昭和二十五年六月、日本経済にとって天佑とまで言われた朝鮮動乱の勃発により、苦境に陥っていた中小の炭坑は息を吹き返したのでございます。にわか成金が生まれ、再び札束が舞い、黒ダイヤブームで筑豊は沸きかえっておりました。炭坑の数も増え、黒い塊なら何でも売れると、ボタを水で洗った水炭の業者まで無数に生まれた時期でありました。

大正鉱業の社宅も増築され毎年二〇〇〇人増加して、中間市の人口の三分の一を炭坑関係者が占めるようになります。大正鉱業の給料日は十五日と月末の二回でしたが、この日は炭鉱住宅近くの道路沿いに一〇〇軒近くの露店が並び、食料品から衣類寝具まであらゆる物が売られ、大賑わいでございました。

ところが戦争特需による黒ダイヤブームも、昭和二十八年春に朝鮮動乱が終熄すると途端に後退し、炭価は下落し需要も低迷して、閉山する炭坑が相次ぎました。経営が苦しくなった炭坑主は人員削減などの合理化を図り、労働組合は労働者の生活を守るために、それに反対してストライキを決行しました。そして労使が争っている間に、政府はさっさと輸入炭に切り替えるという、悪循環となっていたのでした。

鉢巻をしめ決起する大正労働組合員（中間市教育委員会提供）

戦争特需で人々が浮かれ、炭坑では労使が争っている間に、昭和二十七（一九五二）年に重油配給統制が解除され、石炭から石油への転換が、いわゆるエネルギー革命が徐々に図られていたのでございます。

さて、傳右衛門の死後、大正鉱業の経営を引き継いだ養嗣子の伊藤八郎ですが、坊ちゃん社長と呼ばれて戦前までの温情主義、大家族主義のまま、合理化に踏み切れずにおりました。その間に状況判断が遅れ、経営は悪化するばかり。赤字は三十数億円に膨らみ、追い討ちをかけるように昭和三十二年十一月に東中鶴炭坑の水没事故で死者十八人を出し、さらに経営は悪化の一途を辿っておりました。

それでも夏季手当てを分割払いにしたり、時間外手当制限など設けて苦肉の策を講じておりましたが、どうにも遣り繰りがつかなくなり、やっと昭和三十五年四月に第一次合理化案である人員整理案を組合に提案いたします。しかしそれだけでは焼け石に水で、十月十二日に会社再建案として賃金の二二・五パーセント切り下げを含む、第二次合理化案が出されます。大正労組はそれに対して白紙撤回を要求して、実力行使に入ったのでございます。

合理化闘争は大正労組だけではありません。最も強い労働組合と言われた日炭高松炭坑労働組合は、昭和三十五（一九六〇）年五月二十四日に会社側から提案された、九五五人の希望退職者を募り、向う五年間の四十一年三月までに三〇〇〇人の人員整理をするという案を受理します。ところがそれを不服とする五人の組合員が、一カ月にわたって坑底座り込みを実行しました。高松一坑グラウンドには県内から三〇〇〇人余の支援者が集まって、「閉山合理化粉砕総決起大会」が開かれるなど、堀川に沿って「閉山反対！」「合理化反対！」の赤旗がゆれ、熱い労働者の足音が行き交っておりました。

それは炭坑だけの問題ではなく、鉄道も運輸も鉄鋼もあらゆる企業が全国至るところで、労働者の生活をかけた闘いをくり広げておりました。その闘いの頂点に達したのが、昭和三十五（一九六〇）年の三池闘争でございます。三池労組は人員減の会社案に対して同意しなかったた

日炭高松一坑の炭住社宅とボタ山
（昭和 41 年頃／水巻町教育委員会提供）

め、会社は指名解雇を通告します。それに反対する組合側は無期限ストライキを決行した闘いでありました。

そのころ国内では「六十年安保」と呼ばれる日米安全保障条約の改訂をめぐって、国民の賛否の動きが活発な時期で、三池闘争にも全国から闘う仲間が駆けつけて応援するなど、闘争の規模は全国的に広がって、「総資本対総労働」と呼ばれる大きな対決となっておりました。しかし、労組の分裂や炭労の政策転換など紆余曲折の結果、中央労働委員会の斡旋案によって、翌三十六年十月二十九日、二八二日にわたる大争議は妥結いたしました。しかし、「これは妥結ではない、敗北だ」と無念の怒りを抑えきれない人たちが大勢いたのです。その中にのちに「サークル村」を起ち上げる谷川雁や上野英信の姿もありました。

三井三池炭鉱三川坑で四五八人の死者と一酸化炭素中毒者八三八人を出す戦後最大といわれる炭塵爆発事故が起ったのは、それから三年後の昭和三十八（一九六三）年十一月九日でした。さらにその二年後の昭和四十年六月一日には三井山野鉱業所で死者二三七人、重軽傷者三十八人を出す坑内ガス爆発が起こり、世間を震撼とさせたのでございます。

昭和二十八年大水害

さてここで、昭和二十八年六月に北部九州を襲った大水害について、お話ししなければなりません。雨期に入った六月四日から七日にかけて、台風二号の豪雨に見まわれ、福岡県下のほとんどの河川は氾濫して、大きな被害を受けました。

雨も止んでほっとしたのもつかの間、二十五日早朝からまた降り始めたのでございます。梅雨前線が北九州の上空に停滞したまま降り続き、大雨警報が出されました。翌朝には遠賀川は危険水域を超えた五メートル三八に達し、午前十時すぎ植木（鞍手）中の江の西側の堤防が四〇メートルにわたって決壊しました。

逆巻く濁流は一気に小牧（鞍手）、底井野、砂山（中間）、浅木、木守（遠賀）へ流れ込み、田畑はほとんど冠水して土砂に埋まり、民家は床上まで浸水しました。さらに二十八日から降りだした豪雨は遠賀平野一帯を水没させ、危険を知らせる半鐘が鳴り響くなか、住民は恐怖にかられて逃げ惑い、泥水はまたたく間に増え続け、底井野、浅木方面の浸水は一メートル八〇に達します。逃げ遅れた人たちは屋根の上や木に登ったり、二階の窓から助けを待っておりました。

川砂採取用の舟や垣生公園のボート、さらには駐留米軍のヘリコプターやゴムボートなどが出動して、救難活動が続きます。緊急避難所となった中学校には、近在の人々だけでなく家畜も収容されて、ごったがえしておりました。

折尾では十二時過ぎに堀川が氾濫して、二十一時三十分に折尾町全家屋が床下浸水となりました。一時間の雨量は八三ミリに迫り、河川も持ちこたえることができません。下水道のマンホールからは、水が吹き出しておりました。

昭和 28 年大水害、家が水没する中間市の様子
（中間市教育委員会提供）

氾濫は遠賀川だけではありません。堀川に合流する黒川も濁流が溢れ、すでに中間唐戸の高さまで迫り、飲み込む勢いで決壊の危険が迫っておりました。水門が決壊すれば、東側一体の炭鉱や商店街の被害は計り知れないものがあり、待ったなしの緊急事態でございます。

そのとき、水門を守るために黒川の堤防を切開して、笹尾川を横切って遠賀川へ水を流す緊急措置がとられたのでございます。そのおかげで、中間唐戸も炭鉱も東地区の危険は最小限に食い止められました。ところがそのことによって笹尾川が奔流となって逆流し、上流の香月、木屋瀬（八幡西区）、感田（直方）などの地域を浸水する被害をもたらしてしまいました。

二十九日までの雨量は五〇〇ミリを超え、九州北部一体のほとんどの河川は氾濫し、橋が流されました。福岡県だけでも死傷者は一七〇〇人を数え、流失・浸水家屋は一〇万戸を超え、農産物の減収予想高四〇〇万、工場や商店の被害は計り知れない大惨事となりました。関門トンネルも二十六日に濁流が流れ込んで水没し、単線復旧まで十六日を要しました。死傷者は千人を超えかつて筑豊興業鉄道工事を襲った水害史上最悪といわれた明治二十四年の豪雨以来、六十一年ぶりの大水害となったのでございます。

それにいたしましても、黒川の堤防を切開するという非常手段に、はるか昔の民話「土手切り」が、昭和の時代に繰り返されていたという事実に、慄然といたしました。

遠賀川の西の堤防が早々に決壊したのも、東側の炭鉱を守るため人為的なものだったと言う人もおり、それも一カ所だけでなく、遠賀の老良近くの土手も切られたなど、いまも古老たちは鴨居に残された水害跡を指さしながら、語り継いでいるのでございます。

堀川に咲いた文学サークル

サークル村

いま振り返ってみますと、一九五〇年代（昭和二十五〜三十四年）、若者たちは貧しくても未来をみつめ、希望を抱いて輝いていたように思います。職場はもちろん地域の至るところで、自分たちの手で文学・演劇・音楽・美術など表現の場作りに取り組み、豊かな社会づくりを夢見ていました。それらのグループをサークルといい、それぞれ個人が会費を出し合って同人誌を発行したり、自主公演を企画して観客を集めたり、展覧会を企画して作品を観てもらったりと、さまざまな催しを企画して、お互いに交流していた時代でありました。

堀川筋の文学でいえば昭和二十一年から三十年代、水巻の日炭高松炭坑には「月間たかまつ」「地下戦線」「斜坑」「炭鉱長屋」など十三のサークル誌が発行されていました。中間の大正鉱業関係では「振り子」「裸像」「炭脈」「なかづる文学」、九州採炭の「あしおと」などがありました。炭坑だけでなく八幡製鐵所にも「周炎」「日曜作家」「鉄火」、三菱化成の「塑像」など、若者たちは労働の苦しさや政治への不信感、そして夢や恋や悩みなどさまざまな思いを文字で表現し、暮らしはもちろん職場や社会を変革していこうとする熱い時代でもありました。

昭和三十三年の後半から世の中は好景気となり、いわゆる「岩戸景気」が始まりました。人々の生活も電化やガス化が普及して、家庭生活も様変わりいたします。十二月には一万円札が発行され、「戦後は終わった」と世の中は浮かれていたのでございます。

しかしその一方で、電化やガス化によって石炭の需要は激減し、石炭業界は深刻な不況に陥っておりました。炭坑経営者も起死回生を図り、設備を近代化してコストダウンに努める一方、人員削減や賃下げを行うなど労働者にしわ寄せがきておりました。昭和三十四年からは炭坑の閉山が相次ぎ町に失業者が溢れ、失業しないまでも賃金の欠配や遅配は日常的で、炭坑地帯はいずこも疲弊しておりました。堀川沿いにあった大小の炭坑も関連企業も例外ではなく、炭坑で成り立っていた炭坑町は、世間の好景気と裏腹に、不況の嵐が吹きまくっていたのです。

あれは昭和三十三年の夏のことでした。詩人の谷川雁と、日炭高松を退職して同人誌「地下戦線」を発行していた作家の上野鋭之進（のちの英信）は、博多でなにやら真剣に話し込んでおりました。ふたりは共に関東大震災の大正十二（一九二三）年生まれでした。谷川雁は熊本県水俣に生まれ、東京大学を卒業して入社した西日本新聞社時代に日本共産党に入党します。戦争末期に陸軍の野戦重砲隊員として徴用されて、千葉に駐屯していた一兵卒でした。

上野英信は山口県阿知須に生まれ、満州の国立建国大学卒の大日本帝国陸軍兵士でしたが、最後に配属された広島で被爆しました。戦後になると九州の炭坑で働くようになり、坑夫時代に日本共産党に入党し、昭和二十九（一九五四）年、絵話『せんぷりせんじが笑った！』を自費出版しました。

ふたりは日本共産党福岡県委員会の文化部員で、党の文化活動の一つの柱だったサークル活動を、九州山口を中心にまとめた村づくりをしたいと案を練っていたのでございます。上野は昭和三十一年二月に結婚して折尾に住んでおりましたが、炭坑を退職した翌年に中間小学校校門前の民主商工会で働くようになり、同志の紹介で堀川の近くにある中間市本町の元かりんと工場だった木造平屋の建物に移ります。家の前を香月線が走り、長い石炭列車が通るたびに建物をゆらす、炭坑町の一角にありました。

「サークル村」を博多につくりたいという谷川に、上野は資本主義の矛盾のるつぼである中間町をつよく推しました。昭和三十三年六月、上野夫妻が住んでいるかりんと工場跡に、谷川は詩人仲間で四歳下の森崎和江を伴って、移り住むことになりました。そのときのふたりの印象を、上野の妻晴子はつぎのように記しております。

にこりともしない切れ長の鋭い目と高い鼻、一文字にひきむすばれた口元、黒々と光る豊かな髪、ちょっととりつきにくい雰囲気の雁氏の傍らで、小柄な和江さんの美しさは透き通るばかりだった

（『キジバトの記』海鳥社）

平屋の前半分に上野夫妻、裏半分に谷川と森崎が住み、「九州サークル研究会」の看板が掲げられました。三カ月にわたる創刊準備を経て昭和三十四年九月二十日、いよいよ全九州と山口のサークル交流のための会員誌「サークル村」（A5判／四八頁）が創刊されました。四百字詰原稿用紙二十枚を超える谷川の創刊宣言が、六ページ二段組みで高らかに謳いあげられました。「一つの村を作るのだと、私たちは宣言します。奇妙な村にはちがいない。薩南のかつお船から長州のまきやぐらに至る日本最大の村である。（略）集団という一個のイメージを決定的な重さでとり扱うこと。創造の世界でのオルガナイザーを創造の世界で組織すること——私た

ちの運動はただそれだけをめざしている」と宣言は結びます。谷川はサークルの運動を通じて人々の意識変革を仕掛けていくのだ、という工作者宣言でもありました。サークル村建設の呼びかけに、全九州、山口の地域や職場から、新しい共同体を求めて多くの賛同者が入会してきました。

創刊号に谷川は小説「蛮人」、上野は英之進の名で小説「黒い朝」、森崎は、のちの「まっくら」「闘いとエロス」への序章とも思える「太陽の沸く河」、他には沖田活美の短歌「荷圧」には「あやまたず遺骨となる日の絶唱か闇に荷圧の坑木を裂く音」など、全体に炭坑色の濃い創刊号でありました。編集委員は上野、谷川、花田克巳、森崎ほか九人で、同人誌「鉄火」の田村和雅の名前もありました。

二号に上野は、北松浦半島にある炭坑の出水事故を取材したルポルタージュ「裂《れつ》」を書きます。このとき事故の写真を見た上野は、「まるでヒロシマだ」と自身の被爆体験と重ね、そののち原爆と炭坑の闇と深く向き合うことになるのです。森田ヤエ子の「がんばろう」の詞が生れたのも「サークル村」でした。十一号では、森崎の連載「スラを引く女たち」が始まります。後山《あとやま》（坑内で石炭を採掘するのが先山《さきやま》、その石炭を運ぶのが後山）をしていた女たちの聞き書きで、これはのちに『まっくら』（理論社）となって出版されております。翌三十五年一月十七号には、石牟礼道子が水俣湾漁民のルポルタージュ「奇病」を発表。のちに『苦海浄土』へと発展していく初稿です。「サークル村」は、社会の闇に光を当てた秀作が芽生える場所でもありました。

　しかし、自分の理論を炭坑闘争で実践しようとする谷川雁と、文字によって闘いたい上野英信の路線が少しずつ違いを見せていき、共に暮らした一年後の昭和三十四（一九五九）年、上野は福岡市茶園谷へ転居いたします。サークル村の事務や編集など実務を担当していた上野が去ると、後を引き継ぐ人材は見つからず事務面が乱雑になっておりました。そのことが組織体を弱める引き金になったのかも知れません。十七号の事務局便りには、会員の誌代の滞納や、原稿の集まりが悪いなど、苦しい台所事情が記されておりました。

昭和 33 年 12 月、中間市本町 6 丁目の借家（サークル村事務局）にて。左から上野英信、長男朱、妻晴子、森崎和江、谷川雁（上野朱氏提供）

　民衆を自立した存在と見る「サークル村」と、民衆を組織に組み入れようとする共産党は相容れず、同三十五年夏、「人民の敵・反共」の挑発する集団と批判された編集員の谷川ら四人は、除名処分となりました。同じ頃上野も党の査問委員会にかけられ、「党を選ぶか（トロキスト集団である）全学連を選ぶか」と迫られ、上野は組織ではなく民衆を選んだことで除名となりました。

そのころになると、同人誌「サークル村」の投稿者も八人のうち五人は女性が占めるなど、声高に会を牽引してきた男たちから、女たちが支えるように変わっておりました。そして昭和三十六年（一九六一）五月の二十一号をもって、二年半にわたるサークル村の活動は幕を下ろしたのでございます。

安保闘争や三池闘争の敗北のなかから、サークル活動の重要性を再確認した活動も、思ったほど会員も原稿も集まらず、何より各地域のサークルとの風土の違いや職種の違いは、対立さえ生む結果となり、当初の理想にも理念にも近づけぬまま、志半ばで幕を閉じたように思えます。その後、会員のなかからサークル村の精神を引き継ぐルポルタージュ作家が多数生まれて活躍し、九州の特異な文化的土壌を切り拓いていきましたのは、サークル村が産み落とした遺伝子のような気がいたします。川筋が育んだと言えるかも知れません。

廃刊から半世紀経った平成三十（二〇一八）年、かつてサークル村の会員で編集委員でもあった大正行動隊の小日向哲也は、「サークル村は、海辺から、山村から、都市から、炭坑町から、奇妙な人々の集まりのようだった。言いかえれば奇人、変人であるが輝いていた。失うものを持たない心のようでもあった」（松原新一『幻影のコンミューン』出版記念冊子）と、懐かしく振り返っておりました。

さて昭和三十四年に福岡へ転居した上野は、翌年八月『追われゆく坑夫たち』（岩波新書）を発表し、記録作家としての道を歩き始めました。そして昭和三十九年に鞍手町新延の旧室井鉱業新日尾炭坑の廃屋となった炭鉱住宅に移り住み、「われわれは炭鉱労働者の自立と解放のために、すべてをささげて闘うこと」を高らかに宣言し、「筑豊文庫」を創設をいたします。『地の底の笑い話』（岩波新書）、部落差別に取り組んだ『天皇陛下万歳』（筑摩書房）、南米に渡った炭鉱離職者を追った『出ニッポン記』（潮出版社）など、最後の仕事になった『写真万葉録十巻』（葦書房）を残し、日本近代資本主義の中で棄民とされた人々に寄り添い、光りを当てて記録し続けた作家は、昭和六十二（一九八七）年、この世を去りました。六十四歳でした。

大正行動隊

「サークル村」第一期の活動は、昭和三十五（一九六〇）年五月の二十一号で終刊となり、それは同時に谷川雁が大正鉱業合理化闘争へ、深く関わっていくことでもありました。それをきっかけに大正労組の合理化案に反対する若者で組織されていた「大正青年行動隊」は、谷川によって理論武装され、「大正行動隊」と組織名も新たに歩みはじめたのでございます。谷川の思想の実践部隊ともいえるものでした。

大正行動隊の隊長はサークル村会員でもあった杉原茂雄で、かつて十八号に「炭坑モン！」と題する一文を寄せております。

「炭坑モン！。世間がこう呼ぶ差別感に対して、さらに大手の炭坑モンは抗って小ヤマの炭坑モンに対して差別する。こやまの労働者たちは、差別感の次元をずり落ちて、八方破れのかまえで世の中を見ているのだ。(中略)九千万対百万の差別意識のたたかい。そして百万のなかの差別意識のたたかいが、日本の心臓を突きやぶるのだ」と、杉原は差別する側すべてに闘いを挑んでおりました(「サークル村」一九六〇年二月号)。

谷川は言葉の魔術師と言われたように、明確でリズムのある話し方は青年たちを魅了し、有無を言わさず断言してみせる弁舌は、血気に逸《はや》る若者たちには刺激的で、力づよい思想的支柱となっておりました。大正行動隊はいっさいの多数決主義に反対し、さらに政党や労働組合の統制からも自立した、自由参加の隊でありました。隊員に規則はなく、出入りも自由で、個人の自主性によって行動するという、悪く言えば感情のおもむくままに、一致団結とはほど遠いけれど、個人の意志をあくまで尊重した、実践的な労働運動ではなかったでしょうか。

昭和三十五年に会社は人員整理と賃下げの合理化案を組合に提示しますが、組合はそれに反対して無期限ストライキに突入しました。その結果、予定出炭のベースの崩れから銀行融資もストップします。会社は万策尽きたので閉山もやむなしと宣言をし、翌年の一月に大正鉱業の伊藤八郎社長は退任、債権者である福岡銀行から人材が送り込まれました。

会社は経営危機のなか、賃下げや人員整理で再建をめざしたいとし、労働者は生活がかかっているのでそれを認めることはできないと、どちらも後へ引きません。合理化闘争は一段と激しさを増していきました。炭労は条件闘争に切り換えて、事態の収拾を提案してきましたが、大正労組は合理化案について賛否の投票を行った結果、賛成八七五票、反対八六六票、白紙二三票とその差はわずか九票で決着はつきません。大正行動隊の考えは、「ここに到っては炭坑を潰すな、守れといっても、炭坑の未来はない、炭労案反対者は全員退職して退職金だけでも確保しよう」という主張でありました。投票をきっかけに大正労組は退職組と残留組の二つに分かれてしまいます。

退職組のうち、退職金満額獲得を旗印に結集した七〇〇人余は、昭和三十七年六月二十二日に「大正鉱業退職者同盟」を結成します。堀川の屋島井堰を見下ろす遠賀川土手に筵小屋をつくり、そこが退職者同盟の四年にわたる闘争の拠点となりました。同盟の要求に対し、会社は三つの条件、「業務阻害行動の禁止」「同盟員の再雇用の許可」「社宅の入れ替え」を提示します。同盟はすべて拒否し、激烈な闘いが始まりました。九月十一日、会社玄関前に座り込み、二十日に中鶴本坑の捲き場（炭車操作所）二カ所を占拠。さらに場所を坑口に移して矢弦（滑車）を止め、無期限の座り込みに入ります。その間、坑内作業は中止されて残留組の生活権は侵害され、同盟との対立が生じておりました。

この年の十月に福岡地裁は座り込みの立入禁止仮処分を決定し、執行吏によって強制排除されてしまいます。それに反発した同盟員二十五名は地上が駄目ならと、中鶴新一坑の地下六〇〇メートルの坑底で座り込みを始めたのでございます。十三日から二十二日までの十日間の座り込みは、体力との闘いでもありました。

昭和三十九（一九六四）年十月三十日、「退職者同盟のヤミクモな闘争さえなかったら」（『大正鉱業始末記』）と歯嚙みしながら、負債総額四九億九六六六万円を抱え、伊藤傳右衛門が一代で築き上げた大正鉱業は、その没後十七年で姿を消したのでした。退職金は残留組も退職同盟も同じ、満額（計算上）のおよそ三分の二にとどまりました。

昭和四十年の秋、谷川は東京へ去り、かつてのサークル村跡には森崎和江だけが踏みとどまり、地底で働いた女たちの声を拾っておりました。

大正鉱業の閉山と同じ年の十月十三日、石炭鉱業調査団によって「スクラップ・アンド・ビルド方式」が答申されました。それは、非高率炭鉱はつぶして、大手優良鉱だけは国がテコ入れをするというものでした。しかし大辻炭鉱は昭和四十三年に閉山し、ビルド鉱だった日炭高松鉱も同四十六（一九七一）年に閉山しました。その二年後に鞍手郡宮田町の貝島大之浦炭坑が閉山すると、熱く激しい闘いが繰り広げられた筑豊の大小五〇〇のヤマは、すべて姿を消してしまいました。「鉱山解放令」が出された明治二（一八六九）年から、栄枯盛衰を繰り返した石炭産業は、わずか一〇四年で筑豊から消え去ったのでございます。

残されたのは鉱害とボタ山だけとなりました。

命を燃やすように広がった閉山闘争は、追いつめられた炭坑労働者にとって、人間であること、生きていることの確認でもあったのでしょうか。炭坑を去った人たちは言います。「炭鉱は気をくばらんでよかった。閉山になったんで、着るもの一つから気を配らないけん」。また「炭坑はそりゃあ、あったかかった。閉山になって外へ出たとき、さみしいのなんの……」と、仲間意識に支えられた暮らしやすさを懐かしんでおりました。

大正鉱業閉山から十七年経った昭和五十六年四月五日、三連のボタ山が見える中間市コミュニティ広場の一角に、一五〇〇余人の有志によって高さ六メートルの「偲郷碑《しきょうひ》」が建立されました。殉職者四五〇余人の名簿を納め、「このいしぶみは、中鶴に生涯をかけた仲間たちの顕彰の碑であり、坑底に眠る殉職者の鎮魂の碑でもあります」と記してありました。

公害・鉱害

発展の陰に

振り返ってみますと、堀川の水が悪臭を放ち汚水がひどくなったのは、微粉炭だけでなく、ボタを良質の石炭に見せかけるため、洗炭の水に薬品を加えたり、家庭でも石けんに代って合成洗剤が使われはじめ、その家庭排水が流れ込むようになってからでした。日本が高度経済成長期を迎える昭和二十年代後半から、自然が徐々に蝕まれて破壊されていったように思います。

明治維新以降、欧米に追いつけ追い越せと政府は総力をあげて、産業近代化へ突き進んで行きました。その成果はめざましく、諸国が目を見張るようなスピードで近代化を成し遂げたのです。その象徴として現存する製鉄・製鋼・造船・石炭産業など二十三の施設が、平成二十七（二〇一五）年七月五日に「明治日本の産業革命遺産」として、世界遺産に登録されました。八幡製鐵所やそれに関連した「遠賀川水源地ポンプ室」も世界遺産に登録されたのでございます。といいましても、輝かしい発展の陰には、いくつものひずみが刻まれておりました。その被害を被った人たちや、いまも取り返しのつかない負の遺産を残したままのもの、それらをわたしたちは公害（鉱害）と呼んでおりますが、そのことについて少しお話したいと思います。

堀川が開通して夜明けを迎えた洞海湾の沿岸に製鉄所が建設されますと、明治二十三年五月、黒崎に亜細亜セメント（現小野田セメント）の進出を皮切りに、湾をぐるりと取り囲むように旭硝子（大正二年）、安川電機（大正四年）、黒崎窯業（大正七年）、小野田セメント（昭和四年）、三菱化成（昭和九年）、さらに戦後の昭和二十二年に大石産業、同二十九年に三菱セメントなどの主要工場に加えて、中小の企業も次つぎと建設されていきました。湾に沿って立錐の余地もないほど工場が建ち並んだ北九州工業地帯は、日本の四大工業地帯の一つを占め、学校の教科書にも紹介されて、それは地域発展のシンボルでもありました。

わずか百年前は葦の生い茂ったひなびた寒村が、戦後復興のリーダーとなって「生産第一」を旗印に、二十四時間フル回転で操業していたのです。昭和二十年代半ばから三十年代の石炭燃料から重油燃料へと移行するエネルギー政策によって、筑豊の炭坑閉山と引き換えに日本の産業は飛躍的に発展して、高度経済成長期を迎えます。人々の生活もまた電気や石油の普及によって、一億総中流と呼ばれる文化的な生活を享受しておりました。

北九州工業地帯の七〇〇本以上が林立する煙突からは、二十四時間休みなく、黒い煙、赤い煙、黄色い煙、白い煙などが吐き出されて空に立ち昇り、その空を覆う煙は、人々の誇りであり国の発展の証でもありました。

二、焔延々　波濤を焦がし　煙もうもう　天に張る
　天下の壮観　我が製鐵所　八幡　八幡　われらの八幡市
　市の進展は　われらの責務
(作詞・八波則／昭和二年制定)

と、子どもから大人までが胸を張って、式典や集会で必ず歌っていたのです。市民のほとんどが煙を出す工場の関係者で、吐き出される煙によって豊かな生活ができるのだと、感謝と強い連帯感をもって、七色の煙に包まれて暮らしていたように思います。

八幡の燃えるようなエネルギーは戦後復興の象徴として、昭和三十三（一九五八）年に松竹で映画化されたのをご存知でしょうか。八幡製鐵所を舞台にした木下恵介監督の「この天の虹」でございます。「鉄が燃える！　若き日の情熱と意欲が燃える！　そして、この天に七色の煙が上がる！　仂く人々の希望と幸福に虹かける、美しい友愛の涙！」（パンフレット）。豪華な俳優陣とともに八幡でロケが行われ、製鉄所関係者も市民も手弁当で参加協力して、誇らしく満足しておりました。

助監督の大槻義一は当時の八幡の印象を、つぎのように書いております。

関門トンネルを通り、小倉を過ぎる頃から、右手の車窓を流れる風景は、吾々の眼をひきつけた。黒くくすんだ工場群。林立するエントツ。そのエントツから噴出するように流れ出る、白、茶、赤、黄、黒の煙。（略）工場の巨大さと、上空に滲み込む多彩な煙だけによっても、その中に抱くエネルギー量を想像させた。

（冊子「シネ・ロマン　この天の虹特集号」）

林立する煙突から吐き出される煙は、「この天の虹」に描かれ、昭和三十三年度の芸術祭参加作品となって、全国上映されました。もちろん二十四時間吐き出される煙は虹であると、市民の目にも映っていたのでございます。

ところが昭和三十年代に入った頃から、工場周辺に住む人々の体や生活に異変が目立ちはじめます。二十四時間立ち昇る七色の煙から降り注ぐ煤塵は屋根や瓦に降り積り、樋を詰まらせ、電線に氷柱のように下がり、庭の樹木を覆って枯れさせます。洗濯物はまっ黒に汚れてベトベトになり、子どもたちの顔は手足だけでなく鼻の穴までまっ黒で、目はただれ髪の毛はまっ白で、気管支をやられてぜーぜーと苦しい呼吸をしておりました。

煤塵は閉め切った室内にも吹き込みます。窓ガラスも床も畳も障子の桟にも降り積もり、二時間おきに掃除しても追いつかないと、主婦は悲鳴を上げておりました。吸い込んだ煤塵はぜんそくや眼病、皮膚炎、胸部異常をひき起こし、家族みんな苦しんでおりました。しかし、夫は煤塵を出す会社に勤めており、給料をいただいて生活させてくれる。商店も儲けさせてもらっていると、会社に対してじっと我慢をするしかなかったのでございます。

洞海湾を囲む工場地帯は青い空どころか、セメントの粉とナフタリンや亜硫酸ガスといった化学物質が、煤塵にまじって毎日降り注いでおりました。人々は近代化の豊かさと引きかえに、命と暮らしを蝕まれていたのでした。

煤塵の被害は工場の多い戸畑地区だけではありません。かつて黒田長政の家臣、井上之房（周防）が黒崎城を築いた城山にも、深刻な被害がもたらされておりました。城山地区の埋立地には八幡製鐵所をはじめ黒崎窯業、三菱化成、小野田セメントなど八十社を超える工場が建ち並び、製鉄社宅五〇〇戸をはじめ住宅地として急速に発展いたします。海から五〇〇メートルほど離れた山ぎわに、城山小学校が新築開校したのは昭和三十一年でした。振り返りますと、公害の吹き溜まりの地に飛び込んだようなものでございました。

洞海湾は湾口が狭くて奥が深く、まわりを山に囲まれた地形のため煤塵の逃げ場がなく、上空に留まるという地形でありました。留まっていた煤塵は風の向きによって、山際の城山小学校に降り注ぎます。「煤煙規制法」は作られましたが企業は気にも止めず、昼間は少し控えて、夜中にいっせいに有毒ガスを吐き出すため、朝登校するとプールの水はまっ黒になっています。

排水して底に溜まったヘドロを捨て、水を入れ替えてからしか生徒は泳ぐことができません。それは毎日のことでした。生徒も教師もぜんそくや皮膚疾患を病み、各教室に二台の空気清浄器を設置しましたが、効果はありませんでした。

昭和三十四年から降下煤塵量を測定したデータがあります。なんと一カ月に一平方キロメートルに降る煤塵の量は、六四トンでした。同三十八年は七五トン、四十年は八〇トンから一〇〇トンと増えつづけ、日本一の公害吹きだまり校として、城山小学校は一躍有名になったのでございます。昭和三十九年五月に北九州市は「公害防止対策審議会」を起ち上げますが、大気汚染はさらに進んでおりました。

昭和四十年のことでした。会社に盾ついたら首が飛ぶと尻込みする男たちに代って、「青空を返せ!」とついに立ち上がったのは、戸畑地区の主婦たちでした。「住みよい明るい街をつくりたい」「子どもたちの命をまもりたい」。主婦たちの粘り強い訴えは、行政を動かし企業を動かし、国を動かして行きました。

「公害」という言葉が公になりましたのは、昭和四十一年十月に政府が「公害審議会」を設けてからと言われますが、昭和三十一年の富山県イタイイタイ病、同三十四年の熊本水俣病、同三十五年には四日市ぜんそく、同じ年に新潟水俣病などなど、すでに化学物質による深刻な被害が全国で発生しておりました。それでもまだ、人々の間に公害の怖さが浸透することはありませんでした。昭和四十二年八月、国の「公害対策基本法」が施行されます。

公害は一部の地域だけと思っていた北九州のお膝元で、化学物質が食用油に混入して、西日本一帯で一万人以上の被害者を出す「カネミ油症事件」が起こります。安全といわれた化学物質による全国最大の食品公害は、安閑《あんかん》と暮らしていた人々に衝撃を与えました。昭和四十三年のことでした。

さて主婦たちが訴えた煤塵による公害克服に向けて、昭和四十五年十月、北九州市は「公害防止条例」を制定して規制規準を定めました。そして八幡製鐵所が腰を上げたのです。主婦たちが声をあげてから七年後の昭和四十七年三月、五十四の工場で公害防止協定を結び、排気装置の設置など大気汚染の元からくい止め、次は下水道を整備して排水をきれいにし、さらには工場を鎮守の森にしようと、緑化の取り組みが始まったのでございます。

死の海、洞海湾

工場による公害は煤塵だけではありません。洞海湾の周辺にはおよそ千社以上の工場が操業しており、さまざまな廃液や、養豚場の糞尿、そして水道の普及で合成洗剤を含む家庭排水が流れ込んでおりました。昭和三十年代の初めまで魚の泳ぐ姿が見え、五メートル下の海底の小石まで見えていたという洞海湾が、四十年代には魚や貝はおろか、大腸菌すら住めない死の海になっていたのでございます。川底にはヘドロが溜まってドロドロになり、海面は油が浮いて泡立ち、悪臭も酷く、至るところでブクブクとガスが吹き上げておりました。船のスクリューは海水で溶け、海に落ちると溺れるまえに呼吸ができず助からないと怖れられ、外国船も洞海湾に入るのを嫌がります。昭和四十三年には汚染度日本一の海となって、堪えられない姿で泣いていたのです。

その死の海で、驚いた光景が目に入りました。汚れて臭い海に大量の材木が投げ込まれて、貯木場になっているではありませんか。聞いてみると、化学物質に汚染された海水は殺虫剤の役割を果たすとのこと。洞海湾の海は、害虫だろうと菌だろうと、生き物はすべて殺すほどの水質になっていたのです。それにしても人間の逞しいこと。ほんとうに脱帽でした。

昭和四十五年は公害国会といわれるほど、公害規制に関する法律が作られた年でありました。「水質汚濁防止法」も定められ、洞海湾は汚濁防止水域に指定されたのでございます。その三年後の昭和四十八年には福岡県が国よりさらに厳しい基準を設けて、排水の浄化に取り組みました。難題である海底に溜まった大量のヘドロは、汚染物質が拡散されないようにと一定の場所を設けて閉じ込めました。いまひとつの課題は家庭排水ですが、下水道の整備と水洗トイレの普及に取り組みました。その結果、昭和五十年には国が定めた水質環境基準まで回復し、なんと魚が泳ぎ始めたではありませんか。透明度も一メートルくらいまで戻り、死の海は再び命を育む海へとよみがえったのでございます。二度と同じ過ちは繰り返さないと、いまも日々努力は続けられております。

わが子と夫の健康を誰よりも気づかう主婦たちがまず立ち上がり、行政、企業、国が本気になって取り組み、死の街を、死の海を生き返らせ、緑化をすすめ、生き物との共存を可能にしたのでした。公害を克服した北九州市は、いまや環境モデル都市を目指して世界の環境に貢献するまでに成長しております。

さて、日本一の公害の吹きだまり校といわれた城山小学校ですが、人間の住める環境ではないと、昭和五十二（一九七七）年に学校、地域ぐるみで集団移転となり、創立からわずか二十年で閉校となりました。跡地は現在、公園化されて、緑豊かな市民の憩いの場に生まれ変わっておりました。

鉱害

煤煙や海の汚染に苦しんだ北九州市でしたが、市民と行政と国が一丸となって努力した結果、青い空と青い海を取り戻すことができました。では、堀川周辺の中間市や、水巻町の「鉱害」の方は、どうでしょうか。

堀川開通以来、とくに明治になっての鉱山解放令以降、石炭輸送に便利な川岸近くに、無数の炭坑が現れます。はじめは表層部分だけを掘る露天掘りか狸掘りでしたが、その後、排水や掘削などの機械化が進み、炭層を追って地下深く掘り進むようになりました。坑道は下へ深く、右へ左へと四方に広がって行き、まるで高層ビルを逆さにしたような地下空間が広がっておりました。

坑道は中間市や水巻町の地下ほとんどに張り巡らされていて、それもひとつの炭坑だけではなく、複数の炭坑の坑道が入り乱れており、地下の様子を正確に把握できないまま閉山して、今日に至っているのでございます。

坑内で働いていた人に尋ねますと、使用済みの坑道は鉄柱で支えたり、埋め戻すなどの事後処理はせずにそのまま放置して、つぎの坑道へ移ることが多かったとのことでした。

放置された坑道は、年を経るごとに地表の重みや雨水でゆるみ、徐々に地盤沈下が起きます。地表が波打ったり陥没したり、家は傾き道路に亀裂が走り、いわゆる「鉱害」が起こります。もちろん家屋ばかりでなく田畑の九割が被害を受け、米の生産量も半減しておりました。地盤沈下と一口に言いましたが、その深さは二メートルから三メートルもあり、それもひとつの坑道の場合で、複数の坑道が重なると底なしの深さになってしまいます。

農民たちは苦肉の策で、陥没池をレンコン栽培に切り換えたところも多く、米に換わって中間市の主要農産物になったこともございました。

被害は家や田畑だけではありません。坑道の掘削で地下の水源を切ったため、井戸水が枯れ、耕作できなくなる被害も多発しておりました。昔、中間の蓮花寺地区は湧き水が豊富でおいしく、遠くから水を汲みに来る人も多いという、きれいな水が自慢のところでした。ところが明治二十三年に炭坑が開坑されると井戸水は出なくなり、陥没した田畑に湧き水が溜まり、耕作ができなくなったのでした。美田変じて葦牟田や蓮田となり、泣かされておりました。

被害が発生すると、まず地域の人たちは、炭坑主に被害届を持っていくのですが、炭坑主は坑道との関連を認めようといたしません。百歩譲ってもわずかな見舞金でお茶を濁すだけで、それはその後も変わらないようでした。

大正十一（一九二二）年のこと、遠賀川沿いの砂山地区で鉱害による陥没被害が起こり、大正鉱業に被害を訴えましたが、交渉は進まず、訴訟に持ち込まれました。ところが裁判は長引くし、費用はかさむし、被害者側は音を上げてしまいます。思い余った地主たち八十二名は連署をして、町長に陳情書を提出いたしました。

我が長津村に於て、石炭採掘に基因する農耕地陥落被害の状況に付ては、既に御承知の如く、本町耕地総面積約二百四十町歩の殆ど全部に及ぼし、就中耕作不能に属するもの総面積の五分の二、即ち一百町歩に近きものと被考候。（略）小作人の立場より論ずれば、従来耕作し来りたる土地は年一年と減少し、終に生活の根拠を失ひ、止むなく多年馴練したる鋤鍬を捨てて他郷に走り不熟練なる業務に就きたる結果として不慮の失敗を来し、祖先来蓄積したる僅かの資産も終に無一物と成るが如き不幸に陥る者もあり――

（『ふるさと砂山』砂山郷土誌編集委員会）

農民の悲痛な訴えが迫ってまいりますが解決の術もなく、炭坑による農地復旧はほとんど行われなかったようでございます。

鉱害に拍車をかけましたのが、戦中戦後の乱掘でした。堀川全域にわたって、主に日炭高松、大正鉱業、三菱鉱業の採掘区域で「鉱業報国」の旗印のもと、滅茶苦茶と言っても過言ではないほど掘りまくった結果、ひずみは輪をかけて大きくなりました。地盤沈下や埋没だけではありません。洗炭の汚水は川を汚し、石炭に含まれる鉱毒が灌漑用水に混じって稲の生育に影響し、飲み水も安心して飲めません。またボタ山が崩れて人家や田畑を押しつぶしたり、自然発火すると亜硫酸ガスを含んだ煙に喉や眼を痛め内臓も侵されるなど、鉱害は多岐にわたっておりました。

戦後になって「鉱害復旧法」が昭和二十五年に公布されましたが、その法律は被害者の救済ではなく、経営者側の擁護に重きを置いたものでした。次いで「特別鉱害復旧臨時措置法」、同二十七年に「臨時石炭鉱害復旧法」、同二十八年「九州鉱害復旧事業団」、同三十六年「石炭合理化臨時措置法」「石炭鉱業整備事業団」、同三十四年「黒い羽運動」「炭鉱離職者臨時措置法」、同三十六年「石炭鉱山保安臨時措置法」「石炭離職者擁護会　雇用促進事業団」など次つぎと発足・公布されました。ところが国のエネルギー政策で、補償金を援助していた側の炭坑が閉山すると、賠償能力を失い無権者鉱害となって国の責任へと転嫁され、炭坑は知らぬ顔という、あまりにも理不尽な結末となるのでございます。

大正鉱業に隣接し堀川沿いに発展した昭和町商店街などは、特に被害が深刻で、「三日も雨が降れば水没」が合言葉になり、雨の度に浸水して中間名物となっていたほどでした。

まず国が取り組んだ鉱害復旧は、地上げ（かさ上げ）でした。陥没した地面に土を運び入れて、もとの高さに戻そうというもので、あちこちの家がクレーンで吊り上げられて土を盛られておりました。しかし、もとに戻すなど不可能です。その後も家は傾き、アスファルトの道に亀裂が入ったり凸凹に歪んだり、団地の庭にある日突然、一メートル以上の大きな穴が開いたのを見たことがあります。底は深く不気味なものでした。

鉱害復旧により移転をつげる店舗の看板。周囲には瓦礫が散乱している（中間市教育委員会提供）

炭坑が残した爪痕は、それだけではございません。炭坑に事故はつきものと言われますが、数え切れないほどの事故が起こり、多くの人が命を落としました。わたくしがいまも心を痛めておりますのは、落盤やガス爆発、あるいは出水で殉職した人たちが、救出されないまま、あるいは被害を拡大しないために、生死不明のまま、注水や閉鎖をした事故が無数にあったことです。いまも地底に眠ったままの殉職者の上に、家が建ち町ができて人々が暮らしていることを、忘れてはならないと日々祈っているのでございます。それらは堀川と石炭で発展した町の、負の産業革命遺産かも知れません。

「筑豊に石炭が出なければ、どんなにすばらしい田園が広がったことだろう。たしかに日本経済を支えたが、一部の資本家が富を持ち去り、筑豊には荒廃だけが残された」

（水上安文「郷里に思う」〈「筑豊炭坑遺跡研究会会報」第五号〉）

第四章　堀川の生活と風土

人々の暮らし

名門石炭駅の廃線

明治四十一（一九〇八）年に石炭運送専用の線路として香月線が開通すると、堀川沿いの炭坑までが鉄道に切り換えて行き、堀川を通る船の数は減少してまいりました。明治四十二年には年間八万四一三六艘、一日二三〇艘の艜が運行していましたが、大正十三（一九二四）年になると年間六六九五艘となり、一日十八艘と船影を見るのさえまれになっておりました。

昭和に入ると満州事変が起こり、黒い石なら何でもいいという、石炭の最盛期を迎えます。昭和十年には深坂炭坑（のちの新手二坑）積込場が設置され、同十二年七月二十日から新手駅は誰でも乗れるように解放され、二年後にはトイレも設置されました。乗客は折尾の東筑中学校や折尾女学校に通学する学生、また八幡製鐵所で働く通勤者で、朝夕満員でデッキにぶら下がって乗っていました。昼間は買い物に出かける主婦たちで賑っています。

「中間駅はピカ一の名門石炭駅として栄え、中間・折尾は複線にもう一つの複線がからむ複々線で大活躍しました」（「中間駅開業一〇〇周年記念」九州旅客鉄道株式会社中間駅）が、その香月線も沿線の炭坑が一つひとつ閉山するたびに乗客が減っていき、昭和三十八年に大正鉱業が閉山し、同四十三年に香月の大辻炭鉱が閉山すると、主を失った廃墟の道を虚しく走るようになりました。地元中間市は早々に「自動車輸送への切り替え措置を講じられるよう」と、廃止要望書を国鉄に提出いたします。

昭和 60 年 3 月、香月線が廃止
（中間市教育委員会提供）

舟運から鉄道へ、さらに車へと目まぐるしく輸送手段は変遷し、昭和六十年三月、香月線は廃止されました。廃止線跡地の六〇〇メートルに世界の石像を展示した「屋根のない博物館」（通称もやい公園）が平成元年十月に完成し、残りの跡地は道路に整備されました。

平成三（一九九一）年に開業百年を迎えたピカ一の名門石炭駅も、平成二十九（二〇一七）年三月六日に無人化されて、静かな余生を送っております。

良質の粘土と瓦製造

堀川といえば川艜、石炭、炭坑を思い浮かべると思いますが、もう一つ忘れてはならないのは、瓦製造です。明治以前から堀川の周辺には石屋や瓦屋がたくさんありました。堀川には瓦専用の積場があり、原料の粘土や製品の瓦を運ぶ船も、石炭船に混じって行き来しておりました。瓦積み船頭も七、八人はいたでしょうか。販売先は学校関係が多かったように思います。

瓦の製造は古く、嘉永年間（一八四八〜五三）には下大隈の瀬戸で、すでに石炭を利用して焼かれていた「五助瓦《ごすけがわら》」と呼ばれる瓦焼工場の記録が残っております。明治までは一般家庭はわら葺きや草葺きで瓦を使用することは禁止されており、神社の本殿やお寺の屋根などに限られていたようです。明治になると瓦の使用が解禁となり、需要が増え瓦工場も増えていきました。明治の半ばには中間村の砂山や屋島、それから鳴王寺地区だけでも十六カ所もあり、月産五十万枚も生産して北九州方面へ販売しておりました。堀川や遠賀川に沿って瓦を焼く煙が、炭坑の煙突に並んであちこちで立ち昇っていたものです。

折尾では明治三十二年に折尾煉瓦工場が設立されました。焼きあがりに松葉を燻《いぶ》して黒い艶を出す「黒いぶし瓦」は人気で、大正六年に四国の宇和島が市制施行されたとき大量の注文があり、堀川から瀬戸内海を通って運ばれておりました。大正十一年には大阪から劇場建設のために大量の注文が来るなど、一年に一一〇万個も製造する石炭に次ぐ産物となっていたのです。瓦にはそれぞれに窯師の名前が付けられて、松本五助の「五助瓦」、中村正助の「正助瓦」、水

大正初期の屋島瓦工場（中間市教育委員会提供）

巻の添田伊平は「田伊瓦」など呼んでおりました。

なぜ遠賀川や堀川沿いで瓦製造が盛んになったかと考えますと、周辺の田んぼや丘陵などで適度の粘着力をもった良質の赤土が容易に手に入ったことではないでしょうか。それを証明する地名も残っております。筑豊本線の遠賀川鉄橋を渡ったところに、駅名にもなっている「垣生《はぶ》」という地名がございますが、正式には羽生《はにゅう》や埴生《はにゅう》のことで、「赤土の多い所」という意味で名づけられたものと言われます。

また垣生に「瀬戸」という字名がありますが、ここも瓦製造に適した土質であったところから、そう呼ばれておりました。瀬戸といえば、幻の装飾古墳と伝えられる瀬戸古墳群が、昭和三十一年に鉱害耕地復旧工事の採土中に発見されたところでございます。「筑豊地方で知られている装飾横穴中最もすぐれたものであった」（『中間市史』上巻）といわれる六世紀末の装飾古墳は、保存運動も虚しく発見からわずか一年後、土地開発中のダイナマイト爆破で破壊されてしまい、幻と消えてしまいました。副葬品には土師器がたくさん埋葬されていたといいます。この地は昔から焼物に適した土地で、人々が集まり住んでいたのでしょう。そういえば最初の瓦焼工場の記録は、下大隈村の瀬戸でございました。

さて話を本題に戻しましょう。なんといっても瓦産業のピークは昭和十七、八年から二十四年頃で、石炭の増産増産で大勢の人が集まってきて、炭坑住宅の増設で注文が殺到し追いつかないくらいでした。炭坑住宅だけでなく、空襲で焼き尽くされた町の復興の第一歩は「住む場所の確保」なので、瓦は飛ぶように売れ、ヤミの値段がつくほど引っ張りだこでございました。しかし、炭坑の盛衰と命運を共にするかのように、閉山のたびに瓦工場も消えていき、昭和五十一年にはほとんど姿が見えなくなっておりました。

堀川周辺の暮らし

明治も半ばを過ぎると、山と田んぼばかりで民家はほとんどなかった堀川筋に、狸掘りの坑口が次つぎと開いていきました。石炭の輸送手段といえばまだ川艜しかなく、川岸のあちこちに積込場《つんば》が造られておりました。坑内から運び出された石炭は坑口で笊《ざる》に入れ、馬や車力《しゃりき》にのせて積込場に運ばれます。積込場にはすぐに出発できるように川艜が留めてあって、船頭が待機しておりました。

積込場で夜を明かすことも多い船頭のために、寝泊りする船宿や飲食店に豆腐屋、それから煙草屋に床屋や諸式屋（日用品を扱う雑貨屋）といった店が建ち始め、車返に商店が誕生いたします。次第に河守神社への参拝もかねて人々が集まり、水巻では一番の賑わいではなかったでしょうか。

商店ができるのは積込場だけではございません。潮待ちの井堰や水門の近くにも酒屋や飲食店や雑貨屋などが小商いを始めます。田植え時期になると、用水のために屋島堰では井堰が閉められますが、日に何度か開けられるので、その待ち時間を見計らって屋台などが出て、酒肴を売っていたようでございます。

当初は船頭相手の商いでしたが、石炭も狸掘りから複数人で掘るようになり、さらに力のある者は小ヤマを買収して組や会社をつくると、坑夫たちの住む家が建ち家族が暮らして生活を営みます。それに併せて商店の利用者も次第に炭坑関係者の比重が大きくなってまいります。と言いましても炭坑以外はほとんど田んぼで、民家は畑の中に七、八軒から十軒ばかりが点々と建っているだけでした。

大正十三（一九二四）年の中間唐戸周辺の様子について「ふるさとの思い出」（大坪みつる〈「筑豊炭鉱遺跡研究会会報」第十三号〉）にくわしく描かれておりますが、これは直方で鬼瓦の彫刻師だった父親が、中間瓦で名高い中間屋島に新工場をつくるため、一家揃って引っ越したときの思い出を記したものでございます。

当時は引越しといってもトラックはなく、荷馬車や大八車《だいはちぐるま》ではとても多くの荷物は運べません。そこで川艜に積んで遠賀川を下り、寿命から堀川に入って屋島に行くことにしました。唐戸に着くと、船頭に「さあ穴（もぐら？）唐戸に入るばい。なかをようと見ちょきない」と言われたかと思うと急に水の流れが速くなり、水の音が唐戸内に響き渡ります。中間唐戸はもぐら唐戸などと呼ばれておりました。「天井は苔むし両壁の岩にはポクンポクンと数えきれない程の穴があいていた。これは長年にわたりこの唐戸を往来する船頭たちが必死に立てた棹の跡であったが、何に譬えようもなくただ恍惚として見入るばかりであった」。

石炭をのせた川艜が堀川をくだる
（中間市教育委員会提供）

水門の幅は三メートルで長さは三メートル六三あります。川艜の大きさは大型で幅二・七メートル、中型は幅二メートルですから、船を傷つけずに通り抜けるには、相当の技術と緊張が強いられるところでございます。

「船が唐戸を出ると右上に大師堂があり、堀川沿いの商店街は中間町の一番繁華街であった。大辻、岩崎、深坂、大根土、中鶴などの炭坑が盛んで、（中略）買物客で一日中賑わいを見せていた。呉服屋、菓子屋、お茶屋、雑穀屋、小間物屋、自転車屋などのほか、旅館、料亭、郵便局なども建ち並んでいた。商店の名入りの旗が流れゆく堀川に映り、一層の美観を添えていた」と当時の風景を描いております。

屋島から片峯までは水田や蓮根池ばかりで、筑豊興業鉄道工事のとき、揚土《あげつち》を取った跡の底無しの大堀もありました。また年に一度の「川せき」といって、一週間くらい中間唐戸を堰き止めて、川掃除を行っておりました。貝拾いや小魚やカニを捕るのも楽しみで、開門のときは、「生き返った堀川一杯に澄み切った水が満々と流れる。堀川沿いに見守る住民からいっせいに、歓呼の声が上がる」。老若男女どの顔も笑いに満ちていたと懐かしく記されております。

その後、屋島で瓦屋を営む筆者は堀川について「この素晴らしい人工の川は中間産粘土瓦の隆盛にも大きな役目を果たしたと言える。原料の粘土や燃料の石炭の運搬、用水、製品の川艜による搬出など、堀川の恩恵は余りにも大きかった」としみじみと振り返るのでした。

さて日露戦争で勢いに乗った新興勢力の三好鉱業は、明治四十一年に折尾炭坑、さらに二年後の明治四十三年、吉田に高松炭坑を開坑しますと、堀川沿いは一変いたしました。それまで馬やトロッコで積込場まで運んでいた石炭はエンドレスに替わり、昼夜休みなく炭箱が空を飛び、煙突からはもくもくと煤煙が吹き上がり、蒸気ポンプの音は絶え間なく響きわたって静寂を破ります。職を求めて男たちが集まり、坑口を中心に片山や吉田周辺の畑の中に、いわゆるハーモニカ長屋と呼ばれる八軒長屋の炭住が、何十棟も建ち並んでいきました。戦前の集落内には、「売勘場」といった従業員専用の配給所があって、家具と衣料以外は何でも売っており、炭券も発行されるので、お金がなくても買い物ができておりました。さらにその周辺にも商店が軒を連ね、商店街が形づくられていきました。車返しに代って水巻町で一番の繁華街となったのは、高松炭坑の社宅と細い水路を隔てた片山商店街でしょうか。料亭、旅館（木賃宿）、飲食店、米屋、豆腐屋、魚屋、酒屋など二十から三十軒の商店が並びます。諸式屋では塩、砂糖、下駄、煙草、酒、魚も何でも扱っておりました。そして必ず遊郭が何軒もあり華やかでございました。

船頭の休憩場としてにぎわった堀川筋中間付近
（大正 10 年／中間市教育委員会提供）

交通の便も大正十四年に高松一坑の吉田駅から堀川を越えて鯉口、さらに遠賀川を渡って頃末、宮下、梅の木、三ツ頭に積込停車場があり、江川を渡って対岸の大君まで三好専用鉄道が敷設され、石炭だけでなく人も乗せておりました。その途中に何カ所も引き込み線があり、学校へ行くときも、買物や芦屋の海水浴場へ行くときも利用され、炭坑の人たちは重宝しておりました。坑内仕事はきついけれど、炭坑にいれば住む所も食べる物も交通手段も、困ることはなかったのです。お天道さまと米のめしはついてまわる、住み良いところでございました。

炭坑が開坑され商店ができても、昭和の初めごろまで、堀川の水はきれいでした。いまよりもっと川幅も広く、川岸から手ですくえるほど水量も多く、堰を開けたときなどは流れも勢いがあって、川艜を何艘も押し出しておりました。

川岸の家々には堀川に下りるため七段くらいの階段を造り、女たちは洗い物や風呂用の水を汲んだり、おしゃべりも弾む交流の場になっていたのでございます。その近くでは子どもたちが水遊びをしたり泳いだりして、あひるも一緒に泳いでいます。まだ学校にプールがなかったころは、年上の子が小さな子に泳ぎを教え、みんな堀川で泳ぎを覚えたものでした。

川の水は澄んでいて、エビやシジミや川ニナ（巻き貝の一種）を拾ったり、うなぎも石垣の間に入ったところを摑まえて蒲焼にしたり、まだ川艜もときおり通っておりましたから、船が近づいて来ると、見張りの子がみんなに知らせます。泳いでいた子も、魚や貝を追いかけていた子も、船の運行を邪魔しないように川岸に身を寄せて、通り過ぎるのを待っていましたし、石炭が欲しいときは船頭さんに頼むと、いくつか投げてくれたりもしておりました。昭和三年の川艜の年間通船数は三二八三艘で、一日に割ると九艘弱。気をつけていれば大事に至らずにすんだものでした。

川端には柳の木が点々と植えられていて、風にゆれ川面に影を落として風情がありました。夏の陽が傾きますと近所のおじさんたちがバンコ（腰掛け）を出してきて、団扇《うちわ》で風を送りやぶ蚊を追いながら夕涼みです。ひとりまた一人と出てきては将棋を差したり、お酒を楽しんだり、会話も弾んでおりました。あたりが暗くなる頃には川岸の葦の間から淡いひかりが点滅し始め、蛍の乱舞が始まると一日の終わりの合図でございます。

さて交通手段と言えば、折尾まで行けば鉄道や電車もありましたが、堀川の土手道を折尾から車返、中間を通って直方までバスが通るようになりましたのは、たしか昭和三（一九二三）年ごろでした。十二、三人乗りの小さなバスで、バスの停留所に置いてある赤い旗を掲げておくと停まってくれました。車体が銀色で、みんなは銀バスと呼んでおりました。ただ運賃が十五銭で、お米一升が二十五銭前後でしたから庶民には高く、歩く人が多かったようです。そのバスも、北京の蘆溝橋事件が起こり日中が全面戦争に向かい始めた昭和十二、三年になると、木炭バスに替わってしまったのでございます。

堀川で泳ぐ子どもたち
（中間市教育委員会提供）

堀川筋にも戦争の影がさしてきたのは、昭和六年九月の満州事変が勃発してからで、翌年の第一次上海事変と続くころから、川の水が濁ってきたように思います。「戦争のたびに肥太る」と言われる炭坑が、昭和恐慌から抜け出すチャンスでもありました。飛ぶように売れはじめた石炭にさらに付加価値をつけるため、洗炭して不純物を取り除くのですが、その汚水を川に流すようになりました。水はチョコレート色に濁り、そのうえ川底には微粉炭が溜まって浅くなり、雨が降るとすぐに川水が溢れて周辺は浸水いたします。川ざらえを怠ると危険はわが身を襲うので、住民は困り果てておりました。

ところで誰が思いついたのでしょうか。庶民の逞しさでしょうか。川底に溜まった厄介ものだったドロドロベタベタの微粉炭を、スコップや柄杓で掬い上げて赤土を混ぜ、手の平で団子を作り、その団子を川端で天日に干して、風呂焚きなどの燃料に使い始めたのです。家の前の川底にある微粉炭はその家に所有権があると暗黙の了解があったのか、どの家も邪魔になる葦などは刈り取って、柄杓で掬い上げておりました。天気のよい日などは、川岸や家の前にところ狭しと団子が敷き詰められるのですが、風がつよいと乾いた微粉炭が舞い上がり、まるで砂嵐のように視界を遮ります。「折尾砂漠」と悪名が轟いておりましたが、わざわざ遠くから農家の人が馬車や牛車で微粉炭を取りに来たり、それを商売にして豆炭工場が堀川沿いのあちこちに生まれたりと繁昌しておりました。

川艜の運航数は、統計上では昭和十四年にゼロになっているようですが、明治のころから川沿いには瓦工場がたくさんあって、唐熊や下大隈の瀬戸から粘土を運ぶ川艜も行き来しておりました。昭和十年ごろは中間から水巻の堀川沿いには十六軒以上の瓦工場があり、製品の瓦を積んで若松へ運ぶ瓦船頭も何人かいたようでございます。

堀川を利用していたのは瓦だけではありません。遠賀川から採取した砂を工場建設のコンクリートに使うため、製鉄所や炭坑に運ぶ川艜も通っておりました。戦時中には川艜による石油の販売も盛んで、若松港から一斗缶で石油を運んで来ては、各家に売ってくれるので重宝しておりました。まだ道路も交通機関も整備されていない時代で、買物や引越し、また海水浴に行くときや、時には嫁入りの姿も見かけたり、庶民にとって堀川は大切な輸送路だったのです。

川筋気質

炭鉱と堀川が育んだ気風

英彦山から端を発して芦屋まで流れる遠賀川にはたくさんの支流があり、堀川もその支流のひとつですが、堀川はああ見えても一級河川なのです。その幾筋もの本流支流の流れに沿って育まれた文化といえば、まず「川筋気質《かわすじかたぎ》」でしょうか。暴れ川と呼ばれる遠賀川は田畑へ恵みをもたらす反面、大雨になると洪水を起こし氾濫して、人々を苦しめてきました。

一口に川筋気質と言われますが、度重なる風水害に痛めつけられ、藩政時代には虐げられてきた農民の諦めから生まれた「川筋気質」。また棹一本に命を賭けて、水の流れを読んで巧みに棹を操り、ひしめく川船の間を通り抜け、一日でも早く一回でも多く石炭を届けようと、愚痴を言ったり弱気になっては務まらない仕事から生まれた「船頭気質」。そして各地から流れてきた素性の知れない流れ者の働き場炭坑では、素性も過去もだれも問題にせず助け合い、「その日その日がたちゃいい。明日は明日でなるごとなろうざい」と、今日一日がすべての「炭坑気質」。もとを正せば船頭も炭坑夫も農村出身が多く、明日のことはわからないから、くよくよしても良いことはない。「なんちかんち言いなんな、理屈じゃなかたい」と笑い飛ばして、明るく元気に行こうという知恵だったのかもしれません。いつの頃からか三つの気質がひとつになって「川筋気質」を生み出したと言われております。

その性情を一口で現しますと、「義侠心に富んで義理人情に厚いが、根は単純でおっちょこちょい。ケンカや博打はもちろんのこと、飲む、打つ、買うは男の器量。気性は荒いが、涙もろい。やくざのようでやくざでない」ということでしょうか。

「稼いだ金はさっと使い果たす。ケンカっ早い遊び好き。酒と女とバクチにあり金をはたき、しかも義理と人情に厚い」(『各駅停車全国歴史散歩　福岡県』河出書房新社)

記録作家、上野英信は「長所は勇敢かつ大胆にして義侠心に富むこと。短所は短気で血気にはやり易く、付和雷同、軽挙妄動しがちである」と『流域紀行』(朝日新聞社)に記しています。

ところで川筋気質は男の世界と思われるでしょうが、「女も男同様に勇気と腕力を誇った土地柄だ。明治の頃は、筑豊のあちこちに名の通った女傑たちがいて、侠気をうたわれたものである」(『青春の門』)と、筑豊を舞台の小説に、作家、五木寛之は女の気っぷの良さも描いております。
残念ながらいまでは、川筋気質も遠い昔の伝説となってしまったようで、寂しいかぎりでございます。

堀川端を走る少年・仰木彬

あれはたしか昭和二十六（一九五〇）年、炭坑の勢いが最高潮に達していたころでした。背が高くて体格のがっしりした男子高校生が、中間から折尾まで四キロの道を堀川に沿って、毎日走って登校する姿を見かけるようになりました。東筑高校野球部のピッチャーで四番打者として、初めて甲子園出場を果たす快挙を成し遂げた仰《おお》木《ぎ》彬《あきら》です。

彬少年は昭和十（一九三五）年四月二十九日に教育者である両親の長男として、炭坑町中間で生まれました。しかし、九歳のときに父はビルマで戦死して、その後は母が養護教員をしながら女手一つで子どもたちを育てておりました。貧しい彬少年を物心両面で支え育んできたのは、気性が荒く粗野ですが義理人情に厚い、川筋気質と呼ばれる人たちでした。その川筋気質は彬のなかに引き継がれ、負けじ魂となって現われたのか、わんぱく坊主のリーダーとなって暴れておりました。

仰木彬が野球らしきものに目覚めたのは小学校四年生ごろで、まだボールもグラブも布製で、テニスボールがあれば最高といった何もない時代です。母親が余り布を集めて作った手縫いのボールと、バットも棒切れや板切れを拾ってきて作り、近所の子どもたちと原っぱで暗くなるまで遊んでおりました。中間中学校では野球部に入り、部員は十六、七人くらいでしたが、野球ができるだけで充分楽しかったと言います。

さて高校進学を決めるときがきました。彬が考えていたのは、工業高校に進学すれば八幡製鐵所に入社できるかもしれない、そして給料を貰いながら、野球部に入って好きな野球も続けられるかもしれない……という程度のことでした。

ところがこれまで支えてきた地元の人たちは、彬のその抜きんでた野球の才能を甲子園で見たいから、東筑高校に進学しろと熱く勧めるのでございます。彬は、もし甲子園に出場できればお世話になった人たちにご恩返しができるかもしれない、と思うようになり、無事、東筑高校へ進学します。

彬が気に入ったのは、豪放で川筋の校風があったことでした。すぐに野球部に入部すると、高校三年の夏には県大会でみごと優勝。学校創立以来、初の甲子園出場を決めたのでした。学校も地元もその喜びようは異常なほどで、甲子園のスタンドを埋めつくしておりました。彬が四番エースとしてバッターボックスに立つと、「川筋男の意地を見せろ！」と、スタンドから声援が飛んできます。ナインの健闘も虚しく一回戦の浪華《なにわ》商業に〇対三で敗退しましたが、投手四番で初の甲子園出場に貢献した仰木彬の名前は、東筑高校野球史に名を残したのであります。

高校卒業をひかえた昭和二十九（一九五四）年春、全盛時代の西鉄ライオンズに入団いたします。自由奔放な西鉄カラーは彬にとって性に合い、汗水流しても心地良いものでした。

三十二歳になった昭和四十二（一九六七）年に現役を引退してコーチとして三年残り、次に近鉄でコーチを十八年務めて監督に就任いたしました。なんとその翌年の昭和六十三年、チームをリーグ優勝に導いたのでございます。

仰木彬は選手としてよりも監督として、野茂英雄の「トルネード投法」を認め、鈴木一朗を「イチロー」に登録名を変更して「振り子打法」を活かすなど、若い有能な選手の才能を見抜き、育てた名将としての方が名を残しているのかも知れません。

仰木彬の川筋の血は、勝負に挑み、仲間の絆を大切にし、私生活においては焼酎と泡盛と女性をこよなく愛した自由奔放な生き方で、人生を燃焼したように思います。後年、「野球人として歩んできた人生を、本当に幸福と思います」と振り返り、「なんちかんちいいなんな」と、豪快に笑い飛ばした根っからの川筋男は、平成十七年に七十歳の人生の幕を下ろしました。いま故郷中間市には、かつての中間市営野球場を平成二十九（二〇一七）年四月一日に「中間仰木彬記念球場」と変更して、野球少年たちにその功績を語り伝えております。

堀川の氏神

河守神社

堀川筋には二つの守護神がお祀りされております。ひとつは工事の無事完成を祈願して建立された、車返の河守神社です。河守神社が造営されたのは、車返の難工事も終わった宝暦十（一七六〇）年八月でした。神社の由緒書にも、「往古より此峠に山神水神ありて神地堀切し故暫脇山に移し置」（河守神社由緒）とありますように、車返の峠道に大山祇命《おおやまずみのみこと》（山神）、罔象女神《みずはのめのかみ》（水神）、興玉命《こしたまのみこと》（道中の守神）をお祀りする「幸神社」のお社がございました。乱世の兵火によって社殿を焼失いたしますが、村人は五穀豊穣の守り神として大切にお守りしておりましたのを堀川の切貫工事が始まるとしばらく脇山に移されていたのでございます。

切貫工事も無事に終わりましたとき、廃石置場となっていた台地に社殿が建立され、神号も河守大明神と改めまして勧請されたのでございます。四八〇町歩の田畑に用水を使用する堀川水下十六カ村の、中間、岩瀬、二《ふた》、吉田、伊佐座、立屋敷、下二《しもふた》、頃末、朳《えぶり》、古賀、猪熊、折尾、本城、御開《おひらき》、陣原、則松の守護神とされました。堀川養水の祖として六代藩主黒田継高を相殿《あいどの》にお祀りされたのは、大正九（一九二〇）年のことであります。

河守神社では、いまも毎年九月に秋季例大祭が行われております。宮司より祝詞が奏上され、祭祀舞の奉奏と古式に則って神事が行われ、神輿は堀川に沿ってお旅所まで練り歩きます。神事が終わると境内には出店が並び、仮舞台では町民の歌や踊りが披露され、今年も豊作であったことを感謝し労う、秋の夕べを楽しんでおりました。

かつての河守神社。手前の堀川に艜が浮かんでいるのがわかる（中間市教育委員会提供）

拝殿には文政八（一八二五）年に堀川水下十六カ村が、神様に五穀豊穣の感謝と祈りを込めて奉納された三十六歌仙絵馬が掲げられております。紀貫之、小野小町、在原業平、柿本人麿などの名前もわかり、江戸の村人の願いがいまも偲ばれるのでございます。

厳嶋神社

そしてもうひとつの氏神神社は、堀川と遠賀川と黒川が交わる惣社山の稲荷郷にある厳嶋神社であります。厳島神社の祭神は市杵島《いちきしま》姫命《ひめのみこと》で、相殿には田心姫命《たごりひめのみこと》と溝津《たぎつ》姫命《ひめのみこと》の、水難と水上での安全をつかさどる宗像三女神をお祀りしてございます。文応年中（一二六〇〜）に福谷（中間市）に鎮座されたと伝えられる弁天社が惣社山に移され、宝暦十二（一七六二）年、堀川成就のとき堀川筋守護神として、鳥井市太夫が石祠を建立して再興いたします。水難だけでなく雨乞いや悪痢病の祈禱などもよく行われて、村々の信仰を集めておりました。昭和までは「唐戸弁財天」と呼ばれ、古くから水と共存する農民や船頭にとって、心綱《しんづな》のような存在でございました。

車返の河守神社とこの厳嶋神社の前では、気が荒いといわれる船頭も洞ノ海への行き帰り、船を止めて鉢巻きを取り神妙な顔で頭を下げておりました。

中間唐戸の水流の都合で度々移築縮小された厳嶋神社ですが、かつては境内も広く九月の祭礼は盛大で、ご神幸の供提灯だけで一〇九張、松明《たいまつ》も百本以上焚かれ、神楽や角力奉納もあり露店も並んで、祭りの前後四日間はたいそう賑わったものでございます。

昭和三年の昭和天皇御即位の御大典奉祝祭を記念して現在地に移転新築奉納され、これを機に厳嶋神社と改められました。境内に「氏子中寄附者芳名」と大書された石柱が建ち、横に続いて名前と金額を刻んだ玉垣が神殿を取り囲むように並んでおります。一〇〇円から一五〇円が多く占めるなか、いの一番に並び立つ仰木敬一郎壱千円（現在の約二〇〇万円）はひときわ目を引きます。次いで五〇〇円の岩崎寿喜蔵が並びます。岩崎は岩崎炭坑の創業者岩崎久米吉の長男で、昭和二年に深坂炭坑を設立した坑主であります。この四年前には一一五坪余の自宅を町役場庁舎として寄附しておりました。ちなみに一〇〇円には仰木敬一郎の弟、源太郎の名前も並んでおります。

さて、この仰木敬一郎ですが、彼はそのとき六十五歳で、名を魯堂《ろどう》と称した数奇屋建築家でありました。御大典記念事業として東京音羽護国寺の再興を手がけ、六つの庵を完成させた絶頂のときです。またそれを記念して護国寺境内に、有志によって魯堂の顕彰碑が建立された年でもあり、生涯において最も充実した時期ではなかったでしょうか。

仰木敬一郎は文久三（一八六三）年、厳嶋神社の鎮座される稲荷郷で、父は指物師《さしものし》、母は唐戸商店街で雑貨屋を営む家の長男として生まれました。幼少の頃から父の元で指物師の経験を積んでいた敬一郎ですが、十八歳のときに、母と三人の弟を残して父が亡くなります。敬一郎はその後唐津や下関で茶道や茶室の美を学び、明治三十三年、十六歳下の末弟、政吉と上京します。名を魯堂と改め、明治四十年に京橋で仰木建築事務所を設立。魯堂の感性と美意識は数寄者と呼ばれる人々に愛され、なかでも三井財閥の団琢磨と親交を深め、大正九（一九二〇）年には団邸の近くに転居したほどでございます。

団が昭和七年に亡くなると、団家の墓所を設計して護国寺に建て、三年後の昭和十年には仰木家の墓所もその近くに造り、自らも昭和十六年九月二十日に七十八歳の生涯を閉じました。明治十六年に中間を出た魯堂は、その後ふるさとに帰ることはありませんでしたが、神社への寄進だけでなく、当時の長津村に図書館が開設された大正十一年に、「勤皇文庫」と図書購入費の基金として、千円の寄付をしております。

弟の政吉はのちに木工芸家として政斎と称して兄を援《たす》け、帝展で特選を受賞したり「雲中庵茶会記」などの著書も残し、昭和三十四（一九五九）年、八十歳で亡くなりました。

いまひとつ、厳嶋神社ゆかりの気になる人物としては、頭山満《とうやまみつる》でしょうか。本殿の扁額をごらん下さい。かの玄洋社の総帥といわれます頭山満（一八五五～一九四四）の筆になるものですが、実は、厳嶋神社と頭山満の関係はよくわからないのです。宮司の伊藤家との関係か、親友の安川敬一郎など石炭関係者に依頼されたのか……。頭山満は頼まれると気軽に揮毫していたとの話も耳にいたしますが、まだまだ謎の多い堀川でございます。ひょっとすると、あとに紹介いたしますカッパの証文の石も発見されるかもしれません

恵比須神社

そして、若松で忘れてはならないのは、恵比須神社です。春冬の祭りは「おえべっさん」と親しまれ、ご神体は洞ノ海の海底にあった霊石、主神はえびす様と大黒様とあって、商売繁盛、幸福と財宝と長寿を授けるということで、石炭関係者や商売人の信仰を集めておりました。天保五（一八三四）年に再建された正面大鳥居は北向きで右段下は波濤が洗っておりました。両側にあります常夜灯は天保八年に船の関係者が海上安全を願って建てられたものでございます。大正時代まで海からもお参りをしておりました。

おえべっさんには、昔から戸畑や小倉だけでなく直方や田川の川筋の人たちも詰め掛けて、押すな押すなの参拝客で溢れておりました。サーカスやお化け屋敷、のぞき、露店は船着場か

らずっと続き、祭りの帰りに気がつくと、羽織がない、帯がない、片袖がなかったなどと、語り継がれるほどの賑わいでございました。参拝に来た筑豊の炭坑主は料亭に泊まり、芸者をあげて一晩中豪遊してチップも桁外れ、若松の町を潤しておりました。

明治三十三年、本殿改築の寄付者の芳名を刻んだ玉垣を見ますと、松本潜、安川敬一郎、平岡浩太郎、貝島太助、許斐鷹助、芳賀与八郎、芳賀種義、伊藤伝六、麻生太吉、和田源吉などの名前が刻まれているのも豪勢で、華やかなりし若松港の栄華がしのばれ壮観でさえあります。

その賑わいは、昭和五年の春祭りのとき、若戸渡船が参拝客で溢れかえり、中島近くで転覆して七十三人が死亡するという悲しい事故が起きたほどでございます。

堀川怪異譚

カッパのお話

ところで信じていただけないかもしれませんが、開通したばかりの堀川にカッパが住むようになっておりました。筑後川の九千坊のような名の通ったカッパではございません。遠賀川にも河口の芦屋から中間、木屋瀬、直方、田川に至るまで、カッパの話がたくさん残っておりますが、さっそく、堀川にも移り住んだのでしょうか。

堀川河口の若松の修多羅には大先輩のカッパがいたようで、嶋郷のカッパと水を巡る縄張り争いが絶えず、カッパの死体が散乱したり田畑を荒らされたりするやらで、村人は困っておりました。これを見かねた山伏が一尺もあろうかと思う大釘を造らせ、高塔山の石地蔵の前で祈禱を続けます。あの手この手と抵抗していたカッパを、ついに石地蔵に閉じ込め、大釘を地蔵の背中に打ち込んで封じ込めてしまったのでした。それから村人は田畑を荒らされることもなく、安心して農作業に精を出したという話が伝わっております。

さて、堀川に住むようになったカッパの悪さといったら、これまた目に余るものがありました。村の人が言いますには、

「川で遊んじょる人間の子どもや、川んそばで洗たくばしよる者んば、水の中さい引きずりこんで、尻っこだまを引っこぬいたり、かち思うたら、岸の柳の木につないどる馬をせごうたり、川艜の品物ば盗むやら、そりゃあしたい放だい」

と、困り果てておりました。村の人はとうとう腹を立てて、カッパを懲らしめる相談をしました。そして、一日だけ唐戸の水門を閉めて、川の水を干し上げようと決めたのです。翌朝、水門を閉めて、水の流れを止めたのでした。

堀川の水はだんだん少なくなり、底が見え始めました。さあ、驚いたのはカッパたちで、右往左往している間に、とうとう頭の皿の水も乾いてきて悪知恵も浮かびません。そして夜が明けはじめたころ、ぐったりと息もたえだえになったカッパは、証文を入れて謝ることにしまし

た。そのわび証文というのは、遠賀川の上流の英彦山から持ってきた大きな石で、

「こん先、堀川沿いの人にゃ、ぜったい悪さはしまっせんけ、こらえてつかあさい。堀川かっぱ一族」

と刻んであり、カッパたちは川下十六カ村の代表のところへ届けたのでした。

「今度だけはこらえてやるが、約束を破ったら、またすぐ水を止めてしまうけんね」

と固く約束して、村の人は水門を開けてやりました。カッパはたいそう喜んで、それからというものは、いっさい悪さはしなかったということです。


カッパはいたずら好きですが、水の神の使いとも水の精霊とも言われ、村の人たちは子どもが水におぼれたり、川艜が衝突や転覆の事故に遭わないように、カッパの仕業に言い換えて気持ちを引き締めていたのではないでしょうか。それにしてもそのころの堀川は、カッパが住めるほどきれいだったのですね。

カッパの証文は、厳嶋神社の境内に祀られていたのですが、昭和に新築されましたとき、お宮の礎石として埋められたと古老たちが話しておりました。

幽霊のはなし

その昔、貴船神社の雨乞いが行われておりました宮ノ尾池は、いまは昭和四十九（一九七四）年四月に新設された水巻町立吉田小学校の校庭となっております。その小学校の生徒たちのあ

いだに伝わる、堀川の幽霊の噂がありました。

噂の発端は、小学校の渡り廊下に貼られた一枚の白黒写真でした。古い町並みや炭鉱の様子、そして切貫を写した写真で、水面の上方、雑草のようなものが所々生える壁に、手首から先だけの生白い手がひとつ浮かんで見えます。画質の悪い写真でしたが、その手だけは妙にぬるっとして浮かびあがり、鮮明に見えていたといいます。

噂は噂を呼び、「この手はずっと堀川の流れを移動していて、一年に一回、この場所に帰ってくる」「いや、この手は写真の中を、一年に一センチずつ移動している」など囁かれているそうです。この幽霊話は、多数の死者やケガ人のでた堀川工事の苦難を子どもながらに語り継いでいるように思えるのでございます。

その吉田小学校から坂を下ると、堀川と吉田川と羅漢川とが交わる吉田の伏越があります。そこから羅漢川に沿って上ると、貴船神社の山すそに四十余体の石仏が川に向いて祀られた洞があります。本尊は文殊菩薩で中央四国霊場三十一番札所となっておりますが、大膳堀に近く、ここにも堀川工事で亡くなった人々が埋葬されていると伝えられているところでございます。いまも近くの住民が花水を供え供養しているとのことでした。

貴船神社に近い大膳堀の上に、現在はＪＲ筑豊本線のレールが敷設されておりますが、別名「血の海」と怖れられたところでした。砂岩層の山の上に粘土層が覆った地形で山すべりが多く、「吉田山掘り貫きのところ、御神の祟りありて、たやすからず」（松本久陰『筑州鎮守岡郡宗社志』福岡県文化会館）と難工事を極め、工事が中断となった原因のところでした。

二七〇年後の明治二十四年に筑豊興業鉄道（現筑豊本線）が開通しますが、その工事の会社記録『筑豊興業鉄道』（西日本文化協会）を読むと、機械化された時代であっても工事の厳しさが伝わってまいります。


「昨二十三年五月下旬起工し、同年九月、その大部分を切り取れり。ときに積日の霖雨《りんう》は山側を崩壊し、拮据勤勉《きっきょきんべん》、九分あまりの竣工を告げし切り取りも、一時に充塞の不幸をみるに至れり。そもそも該切《ママ》の土質ならびに地質の方向たるや、地層すべて線路に向って傾斜せるのみならず、土質は粗悪にして多量の水を含み、土中点々岩石を含むこと、あたかも坊間《ぼうかん》ひさぐところの豆入糖の如し」（柴田貞志『水巻昔ばなし』水巻町）

さて堀川を折尾に向かって下りますと、右手高台に正願寺がございます。その寺域に沿って裏山に上ると、大正三（一九一四）年創建の大照山大師寺と小さく書いたお寺があります。境内奥に二代藩主黒田忠之に殺された疋田小三次と三人の子の墓碑がありますが、その手前に五輪の塔が建てられておりました。説明板には、約一八〇年前の堀川工事中に怪我や疲労のため、数万人の犠牲者が出たとありました。その亡くなった人たちをどこに葬ったか不明ですが、わずかに一五〇数人の犠牲者だけは埋葬され、その目印に折尾石（芦屋層群山鹿層の折尾砂岩層の硬い石）を置いていたとのことでした。

ところが昭和四十年ごろ、霊石となっていたその石が、石垣に使われていたとかで、その後、地元の人に不吉なことが次つぎと起こります。これは犠牲者が苦しみや悲しさを伝えているのではないかとわかり、石を取り除きましたが、「恨みや呪いが強く、なかなか安らいでもらえないので、五輪の塔を建立することにしました。皆様も、この霊石が一日も早く善霊となりますよう心から念じ合掌お願い申あげます。大照山山主」と書いてありました。

恨みや呪いは信じないにしても、多くの犠牲者の屍の上に堀川が開削されて、繁栄をもたらし、近代化へ導いたことを忘れてはいけないと、堀川の幽霊話は伝えているように思うのです。

堀川流れ太鼓

「雨乞い太鼓」から新生

堀川開削の第一歩を踏み出してから四〇〇年、人々は朝に夕に堀川と寄り添いながら暮らしてきました。その歴史や四季折々のふれあいの中で、歌や太鼓やまつりを生み出しておりました。

その昔、堀川の水神である厳嶋神社で、秋祭りの御神幸のときに奉納されていた「雨乞い太鼓」がありました。子ども太鼓の「乱れ打ち」に始まったとされていますが、いつしか途絶え、幻の太鼓となっておりました。そのことを伝え聞いた中間市の青年会議所や青年経営研究会の有志によって、昭和五十三年十一月一日の市制二十周年記念行事に、「堀川流れ太鼓」と再構成されてよみがえったのでございます。その後は市役所青年部職員を中心に引き継がれていきました。

「堀川流れ太鼓」は、堀川の掘削から隆盛までを二章八部からなる太鼓の演奏で表したもので、大太鼓、小太鼓、絞め太鼓、鉦《しょう》、ホラ貝、笙《しょう》、竹、拍子木《ひょうしぎ》、お椀などを使います。人数は十四、五人で、太鼓のオーケストラと呼ばれて注目を集め、好評を博しておりました。

一章は、「里ばやし」「洪水太鼓」「掘進太鼓」「流れ太鼓」「豊穣太鼓」と五部構成になっており、二章は「上り船」「石炭積出し太鼓」「下り船」の三部構成で、フィナーレでは石炭を積んだ五平太舟が若松港をめざして下って行きます。先人の偉大な足跡を太鼓によって語り継いでいるのでございます。

新生した「堀川流れ太鼓」は、平成三（一九九一）年九月の福岡県とハワイ州の姉妹県十周年記念行事に参加して、堀川運河の説明と演奏をするなど、さまざまな催しで演奏されております。また中間市制二十周年の際には、八幡西区木屋瀬出身の放送作家・伊馬春部が作詞をした「中間市市歌」が発表されましたが、ここでも堀川は市の象徴として唱われております。

三　躍進躍進　見よこの意力　あふるる活力　限りなし
　いざ明らかに　寛やかに　天空海闊よどみなく
　目ざすは未来　理想郷　唐戸水門　堀川の　昔語りもわが誇り

堀川節

太鼓だけではありません。毎年八月のお盆になると、町内毎に櫓が組まれ、迎え提灯が灯るなか、盆踊りがいまも奉納されております。身を焦がすように照り輝いていた太陽も西に傾き、長い影を作るようになると、やっと涼やかな風が川面を渡ってまいります。盆踊りはまず「炭坑節」に始まり、ついで新作民謡「堀川節」がボリュームいっぱい流れてきました。

一、昔　黒田の長政公は　アーヨイヨイ　洪水続く遠賀の里の水を治めた偉い方　ハア　ソウタイ　ソウタイ　ホンニナ
二、唐戸水門流して下り　北東三里の大用水路　掘った奉行は大膳さん
四、五平太舟だよ　石炭つんで　棹で流して洞海湾へ　帰りゃ岸から引かれ舟

「堀川節」は昭和五十一年に木曽寿一（悠雲）の作詞作曲によるものです。ストーリーを記した冊子の末尾には、「それから幾星霜（略）ドブ川と化した堀川は、（略）今、何を考え、想うているでしょう」と結ばれておりました。

五平太ばやしの歌

堀川は河守神社から車返の切貫を下り、折尾を通って洞海湾で石炭を降ろします。「若松市

歌」（作詞／安武新）が制定された昭和十二年といえば、若松港は「出船千艘　入船千艘」と石炭ブームにわいておりました。

一、響の灘の風波を余所に　見よ洞海の船　船　船　舷の相摩《あいま》し　帆檣《はんしょう》林立　山成す石炭
集る物資　航路伸び行く　八紘の外　燦たり港　おお我が若松

貨車で若松に下ろされた石炭は、ごんぞうと呼ばれる港湾沖仲士へと引き継がれます。石炭は艀や機帆船に積み替えられて、沖に停泊する大きな船に横づけして、船から船へ人力で移しておりました。石炭を入れたもっこを背に、狭い歩板《あゆみ》を軽々と渡るごんぞうは若松港のヒーローでした。

一、ハアー　船縁《ふなべり》かけ橋　三間歩板　洞の港に　通わす腕は　五平太光りの　まっこい腕よ
芦屋まわりで　白米つんだ　今はもえ石　堀川がよい　思い一つで　さす棹じゃもん
ヨイトヤナー

（「五平太ばやし」作詞／ユキ・ハルト）

ごんぞうを束ねる港湾荷役業「玉井組」の大将、玉井金五郎とマンの長男として、明治三十九年に作家、火野葦平は生まれます。早稲田大学に入りますが、兵役中に金五郎から退学届を出され、除隊後はふるさと若松にもどり、家業「玉井組」を継ぎます。しかしそのかたわら小説を書き、詩誌「とらんしっと」や「九州文学」に参加するなど、文筆仲間とさかんに文化活動をしておりました。昭和十二年に日中戦争で応召されますが、入営直前に書いた小説「糞尿譚」で芥川賞を受賞し、戦地での珍しい受賞式は話題となりました。

ふるさとに住み、ふるさとを愛した火野葦平の作品は、両親をモデルにして明治大正昭和の若松を描いた「花と龍」、女侠客の島村ギンを描いた「女侠一代」など郷土に題材をとったものが多く、堀川も度たび登場しております。

そんな火野葦平がまちの魅力を発信したいと作詞したのが、「五平太ばやしの歌」でした。当初は八木節のリズムで唄っておりましたが、いまは曲もついて、特色のある樽太鼓の、まるで五平太船（川艜）の船べりを叩いているようなリズムに合わせて、法被《はっぴ》、地下足袋、豆絞りのごんぞう姿の踊り手が加わり、かつてのみなとの賑わいをよみがえらせます。

一、ハア　わたしゃ若松　みなとの育ち　黒いダイヤに命をかける（繰り返し）わたしゃ若松五平太育ち

二、蛭子めでたや　若松小松　池にゃ鶴亀　お庭にゃ桜

三、雄島雌島は　玄界灘で　末をちぎった　仲よい夫婦
四、高塔山から　石峰山にゃ　河童うようよ　踊りをおどる
五、出船入船　入船出船　ドラの音聞きゃ　心もそぞろ
六、若松みなとの　五平太仲士　粋な手さばき　日本一よ

現在の若松港

「若松みなと祭」は、三百年以上前から受け継がれてきた神事の祇園祭と、沖仲士や石炭関係の人々がみなとの繁栄と航海の安全を祈願して昭和十年に始まった「港祭り」が、昭和二十九年に統合された祭りでございます。現在は、まつりの前夜にごんぞう祭、本番の夜は花火の競演で彩られ、最終日は火まつり行事で、高塔山まで二キロメートルの道をたいまつ行列が続き、過ぎ行く夏を惜しむような余韻を残します。

火野葦平は昭和三十五年に五十三歳で亡くなりますが、「五平太ばやしの歌」はいまも郷土芸能として根づき愛され、歌い継がれております。

終章

これまでわたくしの四〇〇年にわたる思い出話におつき合いいただきまして、ありがとうございました。もうお気づきでしょうが、そろそろわたくしの伐採の相談もまとまりましたようで、まもなく皆さまとお別れのときがまいりました。なにご心配にはおよびません。ほれこの通り、幾本もの若木が育っておりますから。

欲を申しましたら、この堀川運河の行く末を見届けたいと思ったのですが、それは若木たちに任せましょう。

さて気になります堀川ですが、日中戦争の始まった二年後の昭和十四年には、石炭船は姿を消しておりました。それをきっかけのようにして、苦難の道を歩き始めることになるのでございます。

戦争が始まると筑豊一帯は、「石炭なくして兵器なし」「征戦貫徹」など国のかけ声で、お国のためにと掘って掘って掘りまくっていました。「炭坑節」も戦時版が歌われ、鼓舞激励の毎日でした。

地下は三千尺　どこまでも　掘れば出てくる　黒ダイヤ
わが日の本の　隅までも　照らす明るい　黒ダイヤ
サノヨイヨイ

その結果、地表は至るところで沈下したり、歪曲《わいきょく》したりと、被害は広がっておりました。堀川も石垣が沈んだり毀れたり、流れも悪くいびつになり、加えて川底には石炭の微粉炭が溜まって浅くなり、少しの雨でもあふれるようになっておりました。昭和のはじめまでは日常的に行われていた浚渫や清掃も、戦争を挟んで遠のいたように思います。あの頃は自分を守るだけで精一杯でしたから無理もありませんが、それでも川とのつき合いを煩わしいと止めたとき、川は死に向かいます。流れは澱み、雑草は生い茂り、ゴミが目立つようになったのでございます。

流れが悪くなると、二、三日降った雨でもあふれ、周辺の土地も鉱害で地盤沈下しておりますので排水できず、すぐに浸水して家屋も家具も商品も腐り、大変な被害を起こしておりました。何より困るのは水といっしょに浮遊する塵芥汚物で、水が引いても悪臭を放ち、不衛生きわまりない被害が雨のたびに起こるのです。住民はたまりかねて何とかしてくれと、声を上げ始めておりました。

それに追い打ちをかけたのが、昭和三十年に完成した畑貯水池ではなかったでしょうか。

炭坑と同様に戦後復興の重責を担ってきた日本製鐵株式会社（昭和九年設立）八幡製鐵所は、

昭和二十五年四月一日に八幡製鐵株式会社と民間経営となり、工場設備を新設拡充して、鉄鋼増産に取り組んでおりました。それに伴い用水の需要もますます増えて、新たに黒川上流の畑に貯水池を建設いたします。そのため黒川から堀川に合流していた水量が減少してしまったのです。それでも何とか、流れをかろうじて保っておりました。

しかし、沿岸地域の宅地開発が進むと、微粉炭だけではなく、塵芥や合成洗剤を含む家庭排水が流れ込んで堀川は悪臭を放って泡立ち、川というより排水溝のような、哀れな姿に変わっていきました。

汚れた堀川の水を灌漑用水として取水することは困難になり、農家は困っておりました。昭和四十七年、堀川の水利権をもつ三菱化学は工業用水の送水のため、堀川が笹尾川と合流する土手の内に取水場を造り、直径一メートルの送水パイプを埋設し、併せて灌漑用水もパイプから使用できるよう、管路送水に切り換えたのでした。

送水パイプの埋設工事が始まったのは昭和四十三年十月ですが、その時点で中間市は、「唐戸水門が閉鎖され、筑豊の名所となった堀川もその役目を終えた」(「広報なかま」昭和四十四年二月一日)と市民に公表しているのでございます。

下流の折尾地区では「学園都市折尾地区整備」が進められ、幹線道路網と併せて、堀川や金山川などの河川改修が行われておりました。その都市整備の一つとして、昭和五十九年に折尾駅前を流れる堀川は暗渠化されます。ところが暗渠の入口に立てたゴミ止め装置によって、かえってゴミが溜まって流れが悪くなり、雨のたびに逆流して浸水被害を起こすので、上流の橋の近くにゴミ留めのスクリーンを造ったのですが、「折尾の浸水はなくなったが、中間昭和町まで被害が起こるようになったので、そのスクリーンを取り外すように」（坂本ツヤ子）と住民たちがお願いしたところ、昭和六十一（一九八六）年、曲川改修と同時に、岩瀬で交差する伏越で堀川の流れを塞いでしまったのでございます。二つの流れを交差させるという、全国的にも珍しく画期的だった「伏越《ふせごし》」が、消えていきました。

「スクリーンを取り外してほしいとお願いしたら、伏越があんな風になってしまった」と嘆いても後の祭りでございました。伏越で流れが遮断されると、岩瀬から堀川下流に水の流れはなく、生活排水と雨水だけとなったのです。

前年の昭和六十年には、治水のため笹尾川からの流れも遮断され、すでに水運の利用は終え、灌漑用水の役も終わりました。残る開削目的のひとつであった洪水対策のために、皮肉にも堀川の流れは止められてしまったのでした。

堀川だけではありません。明治・大正・昭和と続いた若松港の繁栄も、昭和二十八年春に朝鮮戦争が終息すると、急速にかげり始めます。貯炭場に山と積まれていた石炭も、海岸通りに建ち並んでいた大手商社も、炭坑主の事務所も、次々と姿を消していきました。石炭の積出しも絶えた桟橋には、艀や機帆船が虚しく係留され、一艘また一艘と埋立地で焼却されていきました。

昭和三十七年九月に東洋一の吊り橋・若戸大橋が架けられ戸畑と陸路で結ばれましたが、同五十（一九七五）年には、かつて貨物取扱量日本一を誇った若松駅の貨物取扱は廃止されました。さらに平成二十九（二〇一七）年三月四日に、中間駅共に無人駅になったのでございます。いま海岸通りには響灘の海を背に朱色の若戸大橋が映え、旧古河鉱業ビル、上野ビル、石炭会館などが、かつての繁栄を静かに語りかけておりました。

一方、大正五（一九一六）年にルネッサンス風洋風建築二階建ての駅舎となった折尾駅は、九州鉄道と筑豊興業鉄道の日本初の立体交差駅として、近代的な折尾の町の顔となり、人気を集めておりました。その駅舎が駅周辺再開発に伴い、解体となりました。二つの線路は高架に切り換えて、立体交差せずに運行できる駅となり、平成三十一年三月十五日に一二五年の幕を下ろしたのでございます。堀川沿いの飲食店も立ち退き、川面に映る灯りも消えて行きます。どこにも昔を偲ぶよすがはなくなり、人々の記憶から数百年の刻んだ歴史は消えていくのでしょうか。

建設当時、折尾駅と人気を二分した東の門司港駅は、建設当時の姿に改装されて、同じ二〇一九年に完成しました。貴重な歴史遺産として存続され、自然と歴史が織りなす港町は、多くの人々を惹きつけております。

堀川運河も江戸時代の治水施設で、貴重な文化財でございます。

しかし堀川は次つぎと苦難が続き、悲鳴が聞こえて来るようです。以前は一面田んぼだった川岸には家が建ち並び、見違えるようになりました。昔の掘削の苦労も、勢いのあった水の流れも、流れに棹差して下る船頭の勇姿も、知らない人たちばかりになりました。

それでも堀川の価値を認め、その歴史を知って欲しい、もとの姿に戻れないとしても、せめて清掃したり、水質を良くして魚や貝が住める川にしたい。イベントをして堀川に関心をもってもらいたいと、さまざまな思いを込めて堀川と向き合う人たちがいます。その方々の活動が、一すじの光明でございます。

最後に明るい話をいたしましょう。昭和四十六年に寿命唐戸と闇開削記念碑一基が北九州市有形文化財に指定され、中間唐戸は昭和五十八年に福岡県指定文化財となっておりますのはご存知と思います。いまひとつうれしいことは、平成十九年に堀川運河はわが国の産業近代化に果たしてきた役割と豊かな価値をいまに伝える存在として、経済産業省の「近代化産業遺産33」のひとつに認定されたのでございます。地域活性化の「種」として役立てろという目的があり、これからどう活かされていくのか、楽しみでなりません。そうそう、令和元（二〇一九）年に文化庁選定の「歴史の道百選」に認定されたのをご存じですか。水路である堀川運河に光が当てられたのでございます。

いまもありありと目に浮かび、聞こえてまいります。岩盤を穿つ鏨や鎚の力づよいひびきと、人々の汗。水門に水が流れたときのよろこびの顔、顔、顔。そして川艜の行き交う活気ある景色。田畑は実り、炭坑が栄え、大勢の人が集り、豊かな町ができていきました。夢のようでした。だれもが希望に満ちて、堀川とともに暮らしていたあの姿が……。

長々とお話いたしましたが、まもなくお別れでございます。ありがとうございました。

参考文献

■書籍

『岩手県史』第五巻近世篇2、岩手県、一九六一年
『芦屋町誌』芦屋町、一九七二年
『遠賀郡誌』臨川書店、一九八六年
『遠賀町誌』遠賀町、一九八六年
『増補改訂　遠賀郡誌』上、遠賀郡誌復刊刊行会、一九六一年
『北九州市史』近代現代産業経済Ⅰ、北九州市、一九九一年
『北九州市史』近代現代産業経済ⅡⅠ、北九州市、一九九二年
『北九州市史』民俗、北九州市、一九八九年
『鞍手町誌』上、鞍手町、一九七四年
『中間市史』上・中・下、中間市、一九七八・一九九二・二〇〇一年
『南部史要』復刻版、旧盛岡藩士桑田、一九九八年
『直方市史』下、直方市役、一九七八年
『防府市史』通史Ⅱ近世、防府市、一九九九年
『福岡県史資料』第一輯、福岡県、一九三二年
『福岡県の歴史』福岡県、一九八一年
『水巻町誌』水巻町教育委員会、一九六二年
『盛岡市史』第八巻、盛岡市、一九八二年
和田泰光『中間町誌』筑豊之実業社、一九二五年
『八幡市史』復刻版、名著出版、一九七四年
『八幡市史』続編、八幡市役所、一九五九年
『若松市誌』若松市役所、一九一七年
『若松市史』第二集、若松市役所、一九七四年
『若松市史』若松市役所、一九四五年
『記念誌　下二小学校』水巻町/下二小学校顕彰記念誌委員会、一九八六年
『黒崎学校百年史』黒崎小学校創立百周年記念事業委員会、一九七四年
『東筑百年史』福岡県立東筑高等学校、一九九八年
『想い出の中間小学校百十二年』中間市立中間小学校、一九八六年
『中間中学校の歩み』中間市立中間中学校、一九六九年
『八幡校百年史』八幡小学校創立百周年記念事業後援会、一九七八年
『遠賀紀行』（筑前叢書、福岡県立図書館、出版年不明）
『遠賀堀川―堀川運河研究調査報告』折尾高等学校郷土史研究クラブ編・刊、一九六三年
『香月線の歴史』中間市歴史民俗資料館、二〇〇三年
『世界遺産がひらく夢　明治日本の産業革命遺産 官営八

幡製鉄所』西日本新聞社、二〇一五年
『洞海港小史』洞海港務局、一九六三年
『七十年史』若松築港株式会社編・刊、一九六〇年
『ふるさと砂山』砂山郷土誌編集委員会編・刊、一九七六年
『八幡製鉄労働運動史』八幡製鉄労働組合、一九五七年
朝日新聞西部本社経済部編『八幡製鉄物語』朝日新聞西部本社販売部、一九七〇年
朝日新聞西部本社編『石炭史話』謙光社、一九八〇年
荒巻次郎『八幡繁昌記』山鹿はた資料室、一九八〇年
有馬学編『近代日本の企業家と政治　安川敬一郎とその時代』吉川弘文館、二〇〇九年
池田敬正『日本の歴史19　開国と攘夷』中央公論社、一九六六年
石崎敏行『若松を語る』私家版、一九三四年
石塚章『河守神社と堀川の昔』私家版、二〇〇三年
市川義夫『吾が街再発見』新潮印刷、二〇〇六年
一柳正樹『官営製鉄所物語』上・下、鉄鋼新聞社、一九五八年
井手俊作・田代俊一郎共著『上野英信　人―仕事、時代』櫂歌書房、一九八八年
伊藤申吉『伝右衛門と幸袋本邸』西日本文化協会、二〇〇七年
上野晴子『キジバトの記』海鳥社、二〇一二年
遠賀文太郎『川筋の樹―川筋育ち』中間青年会議所、一九八三年
江副敏夫編『写真集中間』図書刊行会、一九八〇年
江副敏夫『中間村今昔物語』版元不明、一九八四年
江副敏夫『中間今昔ばなし』私家版
江副敏夫『産物　中間瓦とハゼの実』私家版
江副敏夫『岩崎炭坑水非常』私家版
江副敏夫『堀川工事の史実』私家版
江副敏夫『里搖風土記　惣社神社と篠隈神社』私家版
江副敏夫『遠賀川の沿革　渡し舟と下大隈耕地』私家版
江副敏夫『黒田騒動異聞　疋田小三次』私家版
江副敏夫『筑前国竹槍一揆』私家版
江副敏夫『遠賀川物語』私家版
江副敏夫『鉄道（筑豊線）開通のころ』私家版
江副敏夫『ふるさと中間水害誌』私家版
江副敏夫『下大隈今昔物語』私家版
江副敏夫『思い出の大正鉱業』版元不明、二〇〇二年
仰木彬『燃えて勝つ　9回裏の逆転人生』学習研究社、一九九〇年
仰木彬『勝てるには理由がある』集英社、一九九七年

仰木邦夫編『堀川温故録』私家版、出版年不明
小方泰宏編『北九州の地名13　若松港と黒崎港』北九州地名学会、一九八三年
岡山県高等学校教育研究会社会科部会歴史分科会編『岡山県の歴史散歩』山川出版社、一九八八年
小野良『堀川沿革史』千葉活版所、一九一四年
貝原篤信（益軒）『筑前国続風土記』名著出版、一九七三年
川路聖謨著／藤井貞文・川田貞夫校註『東洋文庫124　長崎日記・下田日記』平凡社、一九六八年
岸本充弘『関門鯨産業文化史』海鳥社、二〇〇六年
木曽寿一『野に燃ゆる石』一文字印刷所、一九七九年
清宮一郎編『松本健次郎懐旧談』鱒書房、一九五二年
建設省九州地方建設局遠賀川工事事務局企画・監修『遠賀川ものがたり』建設省九州地方建設局遠賀川工事事務所、一九九五年
小塚天民『若松繁昌誌』若松活版所、一八九六年
小林正彬『八幡製鉄所』教育社、一九七七年
佐々木武彦『中間風土記』HiRo企画、一九八九年
佐々木武彦『彦じいのむかし話』HiRo企画、一九九〇年
柴田貞志『水巻昔ばなし』水巻町、一九八六年
紫村一重『筑前竹槍一揆』葦書房、一九七三年
千田梅二『炭坑仕事唄版画巻』新装復刻版、裏山書房、一九九〇年
高倉健『少年時代』集英社、二〇一六年
田中直正『大正鉱業始末記』大正鉱業清算事務所、一九六五年
玉井勝則編『若松港湾小史』若松港汽船積小頭組合、一九二九年
永末十四雄『筑豊讃歌』日本放送出版協会、一九七七年
夏秋茂『中間市の実態　昭和35年版』九州日日新報社、一九六〇年
夏秋茂『筑前国遠賀史談―堀川開鑿由来記』遠賀川流域史談研究会、一九六四年
夏秋茂『堀川開鑿史とその余談』朝日屋書店、一九七三年
日本塩業大系編集委員会編『日本塩業大系』特論民俗、日本専売公社、一九七七年
原田準吾『我等の枝光』復刻ほっと社、一九八五年
波多野讃岐守直定『遠賀堀川記附縁起』一八〇三年
林えいだい『これが公害だ　写真集』北九州青年会議所、一九六八年
火野葦平『五平太船』利根書房、一九四一年
火野葦平『歴史』生活社、一九四三年

深町純亮編『筑豊の石炭王　伊藤伝右衛門』フジキ印刷、二〇〇五年
藤井喜三郎『艸居庵記』私家版、一九八〇年
双羽印刷企画・編集『黒崎祇園』奥村寿康、一九八一年
堀川再生の会・五平太編『遠賀堀川とをりを』北九州市民文化スポーツ局、二〇一二年
堀川再生の会・五平太編『昭和の遠賀堀川』版元不明、二〇〇五年
八幡市役所経済部編『八幡市勢要覧　昭和29年～昭和36年』八幡市役所、一九五四年
八幡製鉄所所史編さん実行委員会編『八幡製鐵所八十年史』部門史下、新日本製鉄八幡製鉄所、一九八〇年
前田辰二編『昭和二十八年八幡水害誌』八幡市、一九五五年
前田淑編『近世福岡地方女流文芸集』葦書房、二〇〇一年
嶺乾一『八幡製鐵創世記』八幡製鐵創世記刊行頒布会、一九八五年
宮田昭『筑豊一代炭坑王　伊藤傳右衛門』書肆侃侃房、二〇〇八年
吉見実編『筑豊石炭鑛業会五十年史』筑豊石炭鑛業会、一九三五年

■論文・雑誌・図録等

有川宣博校訂「岡田神社近世文書一―三」解読篇（『北九州市立自然史・歴史博物館研究報告B類歴史』第三号、北九州市立自然史・歴史博物館、二〇〇八年）
瓜生二成「遠賀川流域に於ける石炭運送の史的展望」第一報、第二報（『福岡県若松高等学校研究会紀要』福岡県若松高等学校研究会、一九五四年）
江藤裕子「北九州工業地帯における埋立事業について」（『小倉郷土会記録』No.10、小倉郷土会、一九六四年）
宇野慎敏「洞海湾沿岸部の製塩遺跡について」（『研究紀要第』第二十号、北九州市芸術文化振興財団埋蔵文化財調査室、二〇〇六年）
大坪みつる「ふるさとの思い出」（『筑豊石炭鉱業研究会会報』第十三号、筑豊石炭鉱業研究会、一九八四年）
岡山理香「建築家仰木魯堂の生涯と作品について（1）」（『東京都市大学共通教育部紀要』第七巻、二〇一四年）
遠賀川下流域河川環境教育研究会編「遠賀堀川の歴史　宝川と呼ばれた川」国土交通省遠賀川河川事務所、二〇〇八年
加藤重一「第Ⅲ期サークル村　大正闘争3」第Ⅲ期サークル村村役場、二〇〇三年
児玉義信「洞海湾の変遷」（石丸允凡編「郷土八幡」No.4、

八幡郷土史会、二〇一四年）
近藤典二「郡役人の在住制」（「福岡地方史研究」第48号、福岡地方史研究会、二〇一〇年）
佐々伊佐美「堀川御普請大略記の解」（『八幡市文化財調査報告』第四輯、八幡市教育委員会、一九五九年）
佐々伊佐美「黒崎湊の旅客について」（「八幡市文化財調査報告」第六輯、八幡市教育委員会、一九六一年）
清水憲一「堀川の歴史的価値を考える」（『九州国際大学社会文化研究所紀要』第六十号、二〇〇七年）
中島利一郎「遠賀堀川資料」（「筑紫史談第23号」筑紫史談会、一九二一年）
長井敏輔「明治時代に於ける洞海湾の一変遷」（『黒崎之里』第三号、黒崎史蹟保存会・刊、一九三五年）
能美安男「筑前黒崎宿と黒崎湊Ⅱ」（『黒崎之里』第十一集、黒崎史蹟保存会、一九八五年）
久野耕一「八幡大空襲」（「ほっと&Ｈｏｔ」8月号、小川企画、一九八二年）
日比野利信「安川敬一郎と北九州、福岡」（「福岡地方史研究」第48号、福岡地方史研究会、二〇一〇年）
船津常人「堀川ものがたり」一～八（「なかま広報」中間市、一九九〇年～一九九一年）
船津常人「ふるさと再発見」No.56（「西日本新聞」西日本新聞社、一九七八～一九八〇年）
松本洋忠「遠賀堀川の目的と機能」（建設工法研究所編、建設省九州地方建設局監修「九州技報」No.47、建設工法研究所、二〇一〇年）
宮崎太郎・桑原三郎「堀川開さくと水門　第五回炭鉱遺跡調査に関連して」（「エネルギー史研究　石炭を中心として」九州大学石炭研究資料センター、一九八一年）
若宮幸一「若松郷土史散歩　若松ぶらり」旧古河鉱業若松ビル、二〇〇九年春号～二〇一九年夏号
木曽寿一「堀川ぶしとその心」私家版、一九七〇年
木曽寿一「堀川流れ太鼓」私家版、一九七九年
高野正兵衛「人生九五年」私家版、二〇一〇年
堀川水利組合編「堀川の史実」版元不明、一九六一年
「芦屋ＡＳＨｉＹＡ」芦屋産業観光課、一九九一年
「思いでの香月線」中間市歴史民俗資料館、一九八九年
「遠賀ほりかわ物語」水巻町歴史資料館編・刊、二〇〇六年
「香月史談」第三号、香月史談会、一九八五年
「官営八幡製鐵所遠賀川水源地中間市重要産業遺跡関係調査報告書」中間市教育委員会、二〇一九年
「寛政九年十二月『御国中櫨実蠟御仕組記録』」（宮本又次編「九州経済史論集」第三巻、福岡商工会議所、一

九五八年
「ガイドブック芦屋」芦屋町、一九七五年
「雲のうえ」第二三号、北九州市経済局、二〇一五年
「黒崎之里」第六号、第10号、黒崎史蹟保存会編・刊、共に一九四〇年
「サークル村」第一号〜二十一号、九州サークル研究会、一九五八〜一九六〇年
「中間市遺跡見学会レジュメ」中間遺跡見学会実行委員会、一九八三年
「働き、書いた―北九州の職場雑誌展」北九州市立文学館、二〇一二年
「風雲児三好徳松と周辺炭坑の話」一〜八（「じゃーなる洞南」じゃーなる洞南社、一九八二年）
「堀川の歴史と文化」（「堀川文化財総合調査概要資料」水巻町教育委員会、中間市歴史民俗資料館、一九八八年）
「堀川文化財総合調査報告」第10集、水巻町教育委員会、二〇一七年
「若松浪漫」第二号、若松浪漫の会編・刊、一九九四年
「若松物語」vol.16、ゼンリンプリンテックス、二〇一七年
「八幡市文化財調査報告」第六輯、第八輯、八幡市教育委員会、一九六一年、一九六三年
図録「黒田長政と二十四騎　黒田武士の世界」福岡市博物館、二〇〇八年
図録「サークル誌の時代　労働者の文学運動・意地1950―60年代福岡展」、福岡市文学館、二〇一一年
図録「洞海湾の歴史展」北九州市立歴史博物館、一九七六年
図録「中間市とその周辺の炭鉱資料とボタ山写真展」中間市歴史民俗資料館、一九九一年
図録「八幡鐵ものがたり―世界文化遺産登録記念展」北九州イノベーションギャラリー、二〇一五年

あとがき

この三年のあいだ、福岡県東部を流れる堀川運河に寄り添い、その曙から今日までの悲喜こもごもの四百年を、旅しておりました。なかでも明治時代の活躍は、目を見張るばかりでした。ところがいま、日本の産業近代化を支えてきた堀川運河は、瀕死の状態で悲鳴をあげておりました。息も絶え絶えのその声に真剣に耳を傾けなければ、歴史の証人が消えてしまうかもしれない危機感が迫っているようでなりません。

愛しの堀川運河よ！　いまあなたは何を想っているのでしょう。聞かせてください、わたくしたちに……。

振り返ってみると、参考文献も二〇〇冊を超え、多くの方々の身に余るほどのご協力がありました。また中間市企画政策課濱田学氏、中間市教育委員会吉田浩之氏には貴重なご助言とご教示をいただきました。紙面をお借りしまして皆さまのお名前を掲げ、心よりお礼を申し上げます。有り難うございました。

〈協力者〉大坪剛・若宮幸一・坂口博・加藤芳人・木戸聖子・児玉義信、玉井了・玉井三恵子・

千々岩登・伊藤申吉・小日向哲也・白石信太郎・古川実・花田郁實・鴻江敏雄・豊沢賢行・野添百合・小田晏雄・渡辺小夜子・樺山和幸・梅田勝利・近藤政一・中村恭子・芳賀晟壽・添田一哉・楽笑亭小きぬ・北九州市立文学館・岩手県立図書館・岡山市文化財課・防府市塩田記念館・北九州市立中央図書館、北九州市立八幡図書館、北九州市立若松図書館・水巻町図書館・北九州環境ミュージアム・わかちく史料館・黒崎歴史ふれあい館・中間ガイドの会・東筑高校東筑会事務局・折尾高校堀川ものがたり館・ほか

（順不同、敬称略）

末尾になりましたが、出版事情の厳しい折、企画出版を決断していただいた図書出版海鳥社の杉本雅子社長、煩多な編集作業にご苦労されました編集担当の柏村美央氏に、感謝とお礼を申し上げげます。

二〇一九年十月吉日

栈 比呂子

栈　比呂子（かけはし・ひろこ）
北九州市生まれ。劇作家。主な著書に『化石の街　カネミ油症事件』『男たちの遺書　山野炭鉱ガス爆発事件』（共に労働経済社），『メダリスト』（毎日新聞社），『うしろ姿のしぐれてゆくか　山頭火と近木圭之介』『求菩提山　私の修験ロード』『やさしい昭和の時間　劇作家伊馬春部』『評伝月形潔　北海道を拓いた福岡藩士』（以上海鳥社）など多数。

運河《うんが》堀川《ほりかわ》　四百年《よんひゃくねん》の歴史《れきし》を語《かた》る

■

2019年 11 月 10 日　第 1 刷発行

■

著者　栈　比呂子
発行者　杉本　雅子
発行所　有限会社海鳥社
〒 812 - 0023 福岡市博多区奈良屋町 13 番 4 号
電話092(272)0120　FAX092(272)0121
http://www.kaichosha-f.co.jp
印刷・製本　モリモト印刷株式会社
ISBN978-4-86656-061-8
[定価は表紙カバーに表示]